甜蜜时光

和宝宝一起做烘焙

朵 朵/著

中国妇女出版社

图书在版编目（CIP）数据

甜蜜时光：和宝宝一起做烘焙 / 朵朵著. — 北京：中国妇女出版社，2012.5

ISBN 978-7-5127-0416-9

Ⅰ. ①甜…　Ⅱ. ①朵…　Ⅲ. ①烘焙—糕点加工　Ⅳ. ①TS213.2

中国版本图书馆CIP数据核字（2012）第052751号

甜蜜时光——和宝宝一起做烘焙

作　　者：朵　朵　著
策划编辑：陈经慧
责任编辑：陈经慧
摄　　影：黎焰辉
封面设计：邓　茜
版式设计：博越图文
责任印制：王卫东
出　　版：中国妇女出版社出版发行
地　　址：北京东城区史家胡同甲24号　　**邮政编码**：100010
电　　话：（010）65133160（发行部）　65133161（邮购）
网　　址：www.womenbooks.com.cn
经　　销：各地新华书店
印　　刷：北京楠萍印刷有限公司
开　　本：188 × 210　1/24
印　　张：7.5
字　　数：78千字
版　　次：2012年7月第1版
印　　次：2012年7月第1次
书　　号：ISBN 978-7-5127-0416-9
定　　价：29.80元

序言

为爱的人付出是一种幸福

喜欢上烹饪这件事，有时想起来自己都觉得不可思议。小时候吃着爸妈做的饭菜长大，上了大学开始习惯学校的食堂饭菜，工作后和同事们越来越频繁地下馆子……直到几年前嫁为人妻才忽然发现，自己会做的菜都没几个，很惭愧。

还好学习这件事情，无论何时开始都不嫌晚。记得那时去书店买回几本菜谱，订了烹饪杂志，然后在出差和加班的缝隙里猫在厨房瞎折腾。当然，离不开那个最重要的人的支持——无论成功还是失败，美味还是难吃，做出来的东西都会被老公一扫而光。当年被我戏称为“试吃小白鼠”的他，就这样一步步见证着生活把一个笨女孩改造成了小“煮”妇。

有了女儿希希后，两人世界的浪漫一下子变成了三口之家的忙乱。某天头脑一热，我就往家里搬回了一台烤箱。也正因为这台烤箱，我开始接触烘焙的世界，并从而开始沉迷。鸡蛋、面粉、牛奶、砂糖……这些看似平凡的食材，经过打发、发酵、烘烤等过程，最后可能变身为质朴的面包，可爱的饼干，或是华丽的蛋糕，总让我觉得无比神奇。而更重要的是，和市售的相比，看着希希吃着自己亲手做的点心，总觉得更安心。

小家伙一天天长大，忽然发现她已取代了爸爸，成为我最忠实的厨艺崇拜者。因为她不仅不嫌弃妈妈做出来的味道和卖相，还开始对我团团打转的厨房产生了浓厚的兴趣：

“妈妈，你为什么这么厉害？”

“妈妈，你为什么什么都会做？”

“妈妈，你要我帮忙吗？”

“妈妈，我也想和你一起做！”

……

于是，我的厨房里开始有了一个小助手。从最基本的称量食材开始，到磕鸡蛋、筛面粉、拌面糊，或是捏面团……她比我更乐在其中。还记得她3岁时包的第一个包子，尽管咧着嘴露着馅，但小妮子仍无比有成就感，还指定要留给爸爸，她说：“爸爸很辛苦，我做包子给他吃。”小小年纪的她也许那时还不明白，其实这就是爱，是感恩，更是一种幸福。

谢谢爱我的老爸老妈，谢谢坚定不移地充当小白鼠的老公，谢谢身边一直鼓励我的吃货好友们，还有网络上认识的达人前辈和新老朋友！这本书还有很多不足之处，希望大伙多多交流和指正。也希望翻开这本书的爸爸妈妈们，能带着宝贝一起进入烘焙的甜蜜时光。

朵朵

2012年4月10日于深圳

目录 · Contents

Part 1 从厨房开始的美味关系

Part 2 一起动手的幸福滋味

缤纷烤箱小点心 / 128

传递爱的美好心情

常见问题解答

Part 1

从厨房开始的美味关系

拉钩钩：进厨房前的小约定

让小朋友进厨房，大多数爸爸妈妈一定觉得是件头痛和危险的事情吧？的确，对于年龄比较小的宝贝，厨房里有太多的不安全因素：比如炉灶上正煮着的热汤，架子上的刀具，清洁用的洗洁精，或是厨房电器的开关……让宝贝远离这个“危险区域”便自然而然地成了爸爸妈妈的共识。

其实，随着小朋友的成长和自理能力的增强，只要爸爸妈妈事先和宝贝沟通好，讲清楚进入厨房的注意事项，并注意确保在安全范围内，宝贝一样可以和爸爸妈妈一起度过快乐的厨房时光。

先和宝贝做个小约定吧，就像拉钩钩那样，看看哪些事情是必须要遵守的。

开始之前：先洗干净双手

无论是接触餐具、工具、材料，还是做好的食物，都要记住先用洗手液洗净双手，这样可以有效减少细菌被吃进肚子的机会。

记住不能吃的东西

漂亮的洗洁精瓶子，上面也许还印着色彩缤纷的水果图片，闻起来也有柠檬或苹果的清香，但是家长一定要记得告诉宝贝，这些可不能吃哦。同样，洗涤剂、油烟机清洁剂、去污粉等厨房清洁用品也要让宝贝远离。

不能接触的区域

也许我们的厨房并不大，但是宝贝仍需要知道，有些角落还是不要太靠近，比如有火源的炉灶、煮沸的汤水、电器的插座、存放刀具的架子等，以免发生危险。

需要爸爸妈妈动手的程序

使用刀具切割食材，用明火加热，打开微波炉和烤箱的门，包括端取刚烹制好或刚出烤箱的食物，这些事情最好由爸爸妈妈来完成。如果宝贝已经对烹饪过程很熟悉，也一定要在爸爸妈妈的协助和照看下操作，不要独自动手，以确保安全。

注意安全用电

搅拌机、电动打蛋器、电水壶、吐司机……厨房里的小家电如今越来越多，是我们料理的好帮手。一定要告诉宝贝：在操作的时候，要擦干手上的水，在停止操作时也一定要记得切断电源，以免引发事故。

学会垃圾分类

让宝贝从小就养成垃圾分类的习惯吧。在厨房放置两个垃圾桶，分别标上可回收和不可回收的记号，告诉宝贝将塑料袋、玻璃瓶、牛奶盒和饮料罐等垃圾放入可回收的桶里。小小的举动也能减少污染、节约资源。

养成清洁厨房的习惯

让小朋友知道，烹饪也是一种游戏，但游戏过后都要收拾好“玩具”，学会清洁器材和餐具，并养成收纳归类的习惯。宝贝，要记得帮助爸爸妈妈打扫“战场”哦，从小养成的良好卫生习惯会伴随一生的。

认识新朋友（1）：烘焙的基本工具

“工欲善其事，必先利其器”——虽说我们不是大厨，没必要追求高端精密的先进工具，但一些基本的厨房用具还是需要的。有了它们的帮忙，我们能更精确地称量食材，顺利地完成操作步骤，更能发挥想象力和创意，让食物的造型更漂亮。下面我们就一起来盘点一下烘焙中最常用到的器材和工具吧，爸爸妈妈们可以根据自己的需要选择。

烤箱相关用具

烤箱：烘焙必不可少的工具。有朋友问过我，带烧烤功能的微波炉行不行？答案是“不行”。因为加热原理不同，微波炉无法取代烤箱。对于家庭来说，能调节温度、可进行预热、具有定时功能、容量在20升以上的烤箱比较合适。

烤箱温度计：家用烤箱的温度通常不太精准和稳定，按照配方上的温度设定的烘烤时间不太好控制，这时可以借助烤箱温度计。放入烤箱内部的烤箱温度计可以实时显示烤箱内部实际达到的温度，如果发现和设定的温度有偏差，注意及时调整。

烤盘1、烤网2：一般烤箱都会配备这两样工具。烤制饼干和隔水烘烤的时候需要用到烤盘，不需隔水烘烤的蛋糕模具可以直接放在烤网上。倒置的烤网还可以当蛋糕的散热冷却架。

烘焙纸3、烘焙油布4、硅胶烤垫5：放在模具和烤盘内可以防止粘连。烤蛋糕的时候通常可以用烘焙纸铺垫在蛋糕模内，烤饼干使用油布和硅胶垫更方便取下饼干。

称量工具

厨房秤⑥：烘焙非常讲究食材用量的精准，所以最好在开始烹饪前使用厨房秤准确称量。弹簧秤的精确度一般在5克，如果需要精确到1克，建议使用电子厨房秤，其可归零的功能便于计量不包含容器的材料净重。

量杯⑦：有刻度的量杯便于测量液体材料，比如牛奶、色拉油等。妈妈们不一定要购买正规的量杯，其实宝宝使用过的奶瓶也可以用哦。

量匙⑧：用于测量少量的调味料，非常方便。通常分为1汤匙（15毫升），1茶匙（5毫升），1/2茶匙和1/4茶匙。称量的时候以材料与量匙边缘平齐为准。

搅拌及打发工具

搅拌器⑨：也就是我们通常所说的手持打蛋器。通常由16条钢丝组成，适用于混合及搅拌液体材料，比如鸡蛋、牛奶、色拉油等。

电动打蛋器⑩：使打发更省时省力的好帮手。打发蛋白、全蛋或鲜奶油时，电动打蛋器能更快捷地帮助打发，但要注意控制打发的程度，不要打过头而影响使用效果。

橡皮刮刀⑪：前端稍软的扁平刮刀，适用于搅拌面糊，也容易清理残留在盆壁上的材料。

模具与容器

蛋糕模⑫：有各种尺寸和形状，家长们可以根据需要选择。我常用的是6寸和8寸的圆形及方形活底蛋糕模，活底便于脱模，做慕斯蛋糕也很方便。如果烤戚风蛋糕建议使用专用的戚风蛋糕模，中间的支柱更有利于烘烤时蛋糕的膨胀。

饼干模⑬：有各式形状，不锈钢和塑料的都可

以，可以根据个人喜好选择。

纸杯⑭：用来烘烤麦芬蛋糕和松糕。

玻璃布丁杯⑮：由耐热玻璃制成，通常会注明"适合烤箱使用"的字样，适合用来烘烤布丁。请注意塑料杯盖不能放入烤箱，需等待玻璃杯降温后方能使用。

烤碗⑯：有陶瓷和玻璃材质两种，同样也会注明适合烤箱使用。千万不要使用非耐热材质的容器烘烤食物，以免爆裂，发生危险。

辅助工具

分蛋器⑰：打入鸡蛋，可以方便地分开蛋白与蛋黄，分蛋器在制作蛋糕时常会用到。

面粉筛⑱：用来过筛粉类，以去除颗粒，可以让面粉更加膨松，有利于搅拌。

过滤网⑲：用来过滤液体，如蛋液、牛奶液等，可以去除杂质，使口感更细腻。

擀面杖⑳：用来擀开面皮，在制作饼干、派皮的时候经常用到，也可以用于碾碎土豆泥。

毛刷㉑：用来涂抹液体，如蜂蜜、鸡蛋液等，或是扫去多余的粉类。

刀具㉒：带细齿的适合切割蛋糕片，无齿的适合分切慕斯蛋糕，抹刀适用于涂抹蛋糕上的奶油，水果刀用来分切水果和小块儿的材料。

装饰工具

裱花袋㉓：用来填装奶油、蛋白和较黏稠的面糊，有一次性的，也有可反复使用的。

花嘴㉔：有不同的形状，最常用的有圆形和菊花形花嘴，配合裱花袋使用，可以挤出带花纹的面糊烘烤饼干，或是挤出奶油装饰蛋糕。

筛网㉕：筛网的孔洞较过滤网更细密，且比较小巧。它是用来将可可粉或糖粉筛在食物上，装饰造型。

图案纸㉖：有各种图案，放在蛋糕表面筛可可粉或糖粉，取下即可出现镂空的图案。也可以根据喜好自己制作图案纸，只需在稍硬挺的干净纸片上刻出想要的图案或文字即可。

认识新朋友（2）：食物材料介绍

①常用的烘焙材料

在开始动手前，我们先一起来看看需要准备哪些材料。这些材料有些是我们日常生活中比较常见的，比如面粉、砂糖、牛奶等，也有些是烘焙过程中用到的一些特殊材料，比如糖粉、忌廉芝士、鱼胶粉等。下面列举的是本书将会使用到的材料，我们先来认识一下，了解一下它们的特性。

粉类

低筋/高筋面粉①：这是根据蛋白质含量的高低而定义的小麦粉。由于容易吸收空气中的湿气而结块儿，因此在使用前须先过筛。低筋面粉蛋白质含量较低，筋性较低，适合制作饼干和松软的蛋糕；高筋面粉麸质含量较高，筋性较高，适合制作面包，也可以用作手粉。

玉米淀粉②：从玉米中提炼的淀粉，具有凝胶的作用，可以用于制作派和挞的馅料，也用于添加在蛋糕内，以减轻面糊筋性，让组织绵细。

可可粉③：含可可脂，不含糖，用于制作巧克力风味的点心，也常用于西点的装饰。

肉桂粉/姜粉④：都是辛香调味料，用以增加点心的香气。

泡打粉⑤：Baking Powder，一种应用于蛋糕及饼干制作的复合膨松剂，受热时具有使面团膨胀的作用。

小苏打⑥：Baking Soda，碱性中和剂，可与酸性食材产生中和作用。成分为碳酸氢钠，加热时会分解释放二氧化碳，添加在饼干中，使饼干具有松脆的口感。

鱼胶粉⑦：Gelatin，也被称为吉利丁粉，是从鱼鳔、鱼皮中提取并加工制成的一种蛋白质凝胶，用于制作果冻、布丁以及慕斯蛋糕，起凝固作用。

细砂糖⑧：用途广泛的普通糖类，颗粒细小，容易溶化及搅拌。

红糖⑨：具有焦糖的色泽和风味，通常在制作饼干和风味浓郁的蛋糕时使用。

糖粉10：Icing Sugar，一种洁白的粉末状糖类，颗粒非常细，易溶于液体。在混合了一定比例的玉米淀粉后成为防潮糖霜，用筛网筛在点心上，可作为装饰。

乳制品类

牛奶11：常见的烘焙材料之一。制作点心时建议使用巴氏杀菌全脂鲜牛奶，其新鲜度高，香味也更浓郁。

牛油12：Butter，也就是常说的黄油、奶油，是从牛奶中提炼处理的天然油脂，分为无盐和有盐两种。牛油的熔点低，需要冷藏保存，使用前再取出。本书中所用牛油均指无盐奶油，烘焙西点效果更好。

鲜奶油13：Whipping Cream，指动物性鲜奶油，是牛奶经超高温杀菌制成，经常用于慕斯和蛋糕装饰。建议使用乳脂含量35%以上的鲜奶油，更利于搅打，风味也更香醇。本书中提及的鲜奶油均为动物性鲜奶油，非人造的植物性鲜奶油。

忌廉芝士14：Cream Cheese，也称为奶油奶酪，是由牛奶制成的半发酵新鲜奶酪，为柔软的固体形态，奶香浓郁，常用来制作芝士蛋糕。需冷藏保存，使用前取出置室温回软。

乳酪丝15：一般使用的是马苏里拉乳酪刨成细条状的形态，色泽淡黄，乳脂含量为50%，是做披萨的首选乳酪。受热后变得黏稠，能拉出很多丝，也非常适合制作烤箱小吃。

其他材料

蜂蜜16：天然甜味剂，有特殊的香味，用于烘焙，可以使成品呈现漂亮的金黄色。使用蜂蜜时要注意火候，以免过于焦黑。

香草油17：也被称为香草精或云呢拿香精，为咖啡色浓缩液体，使用在蛋糕中可以去除蛋腥味并增加香草风味。建议使用由香草豆荚萃取的天然精华。

吉利丁片[18]：鱼胶粉的片状形态，蛋白质凝胶，同样用于制作布丁、慕斯，起凝固作用。

巧克力[19]：用于制作巧克力风味的点心。水滴形巧克力豆耐高温，烘烤后也不易融化，适合制作巧克力曲奇；纽扣形巧克力，可可脂含量较高，方便融化；巧克力砖，切小块儿更利于隔水加热融化。

坚果仁[20]：常用的包括核桃仁、杏仁片、开心果、花生等。坚果仁含有丰富的油脂，用于制作糕点时增加风味。略微烤制后食用味道更佳。

②对食材使用和选购的要求

市面上的儿童食品和点心琳琅满目，但仔细看看成分列表，不少都添加了过多的防腐剂、香精和色素。之所以鼓励爸爸妈妈们和小朋友一起动手制作点心，也是从更健康、更卫生的角度来考虑。对于宝贝要吃进肚子里的食物，材料应该如何挑选和使用，当爸妈的自然需要打起十二分精神来对待。

首先，要尽量使用天然原料。食品添加剂分为天然和人工合成两大类，虽然很多人工添加剂允许被使用在食品中，但是我们还是提倡尽量使用天然成分的原料。以食用色素为例，其实许多时候我们可以利用蔬果的天然颜色，比如菠菜汁可以取代绿色色素，而用火龙果的皮可以榨取紫红色色素，为点心增加缤纷的色彩。

其次，要保证食材的新鲜。用不新鲜的材料制作出来的食品不仅口感不好，滋生的细菌更容易引起肠道疾病。挑选蔬果时要注意是否有腐烂和霉变，水分是否充足；挑选肉类的时候应避免选择颜色黯淡、摸起来弹性差且有黏滑感的肉类；挑选坚果时要留意是否霉变和有哈喇味，变质的果仁会含有黄曲霉素，一定要避免使用。挑选食材时除了保证质量，还要注意食材的保存，避免高温及阳光直射，需冷藏和冷冻的请保存在冰箱内，并且在保质期内使用完毕。

最后，要注重营养的配比。让成长发育中的宝贝吃得营养又健康，一定是每位爸爸妈妈的心愿。在制作这些小点心的时候，我们同样要注意食材的搭配，保证均衡饮食，让小朋友从小养成不挑食的好习惯。鼓励多使用富含不饱和脂肪酸、维生素E及维生素B的五谷杂粮和坚果，搭配鸡蛋、牛奶和鱼肉等优质动物性蛋白质，尤其推荐含有omega-3的深海鱼肉。另外，千万别忘记每天都要摄取的蔬菜和水果，草莓、蓝莓、菠菜、南瓜、甜椒及胡萝卜，都是既受小朋友欢迎又健康美味的好食材。

学前班：需要事先了解的烘焙基本知识

记得爸爸妈妈曾经对我说过这样一句话——无论做任何事情，首先要打好基础。其实，烘焙也是一样。无论是想要做出蓬松的蛋糕、松脆的饼干，还是滑嫩的布丁，一些基本功还是需要先熟练掌握的。有了这些基础，相信爸爸妈妈和宝贝一定能做成功。

蛋白的打发

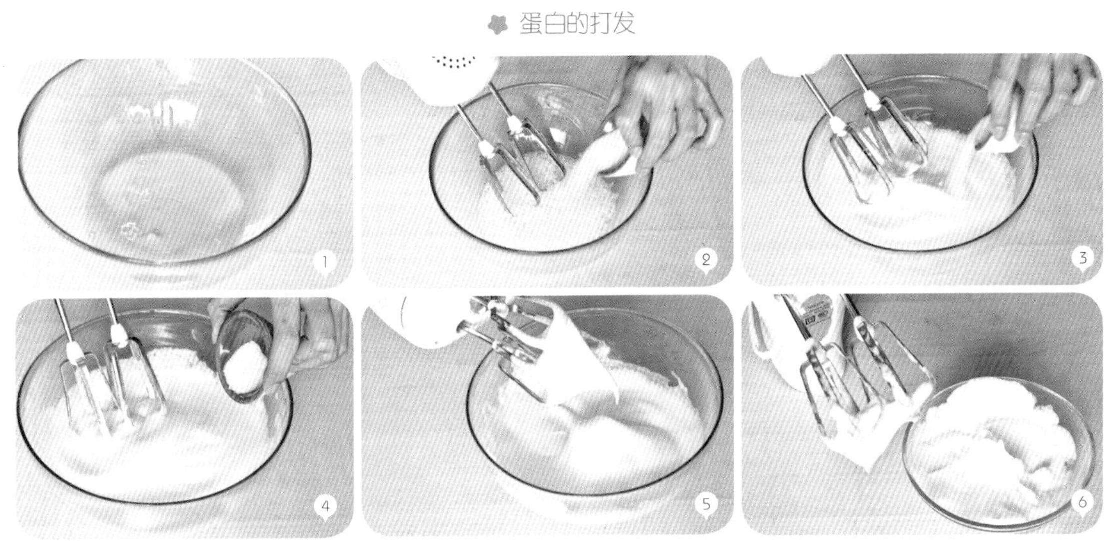

1）将蛋白置于干爽洁净的盆内。
2）用打蛋器打至出现鱼眼大小的泡沫，加入1/3量的细砂糖。
3）继续搅打至泡沫更绵细，提起打蛋器泡沫不会滴落，再加入1/3的砂糖。
4）继续搅打，当蛋白泡沫表面出现纹路时加入剩下的糖。
5）继续搅打至提起打蛋器时蛋白呈向下弯曲的尖角状，为湿性发泡状态。
6）继续打发，当提起打蛋器蛋白的尖角呈短小挺立的状态时为干性发泡。

全蛋的打发

1）提前1小时将冷藏的鸡蛋置于室温中回温，然后将鸡蛋打于盆内，打散后加入砂糖。
2）将盆置于热水中，一边隔水加热（不要超过40℃），一边先用打蛋器低速搅打。
3）随着蛋液温度上升和不断搅打裹人的空气，蛋液会变得越来越稠密，体积也会随之增大。当盆内温度和人体温差不多时停止隔水加热，用打蛋器高速搅打。
4）搅打至提起打蛋器时蛋糊滴落下来会形成清晰的纹路，且不容易消失时即可。

鲜奶油的打发

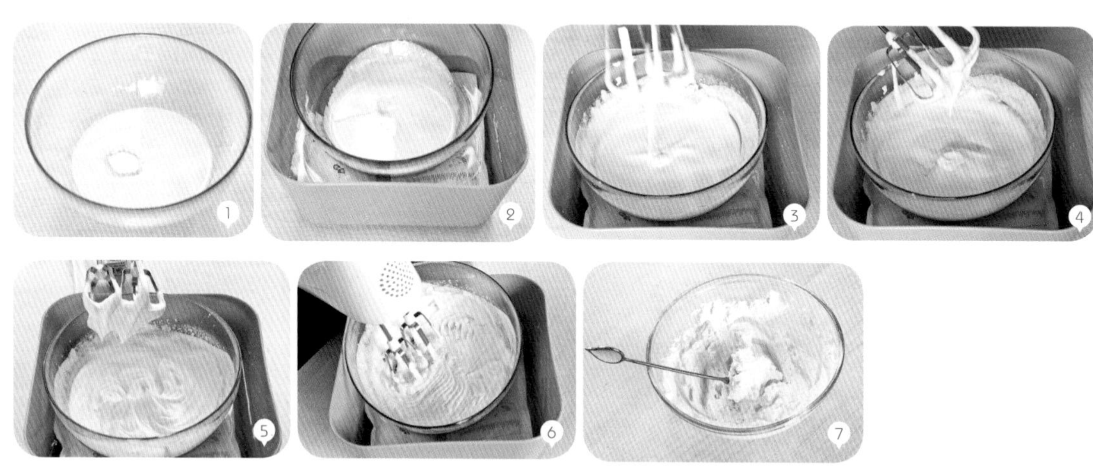

1）使用前从冰箱取出鲜奶油，置于干净的盆内，加入砂糖。
2）在盆底垫放一盆冰水，隔着冰水用电动打蛋器搅打至以下不同程度（图3～7）。
6分发——奶油呈浆状顺滑地缓缓滴落。
7分发——奶油变得黏稠，提起不滴落，但尖端低垂。

8分发——提起时呈挺立的直角，翻转盆奶油也不会掉落。
9分发——搅打时感觉有阻力，奶油呈硬挺状态，花纹不易消失，可用于裱花装饰。
油水分离——再继续搅打，奶油会出现油、水分离的状态，这表示打发过度了。

安装花嘴和裱花袋

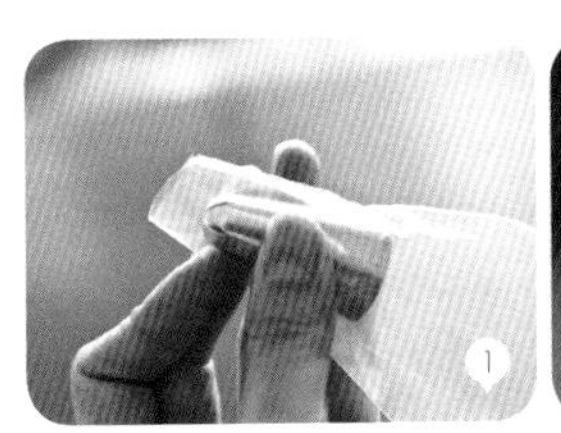
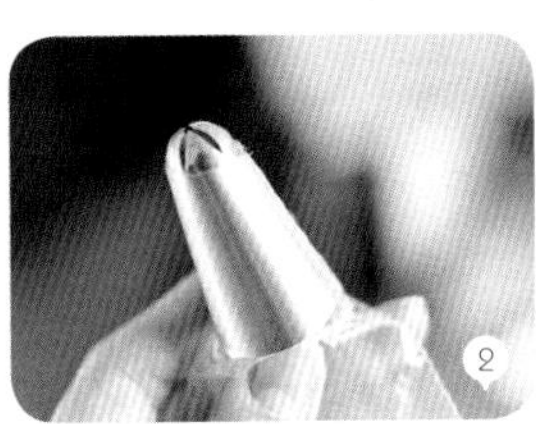
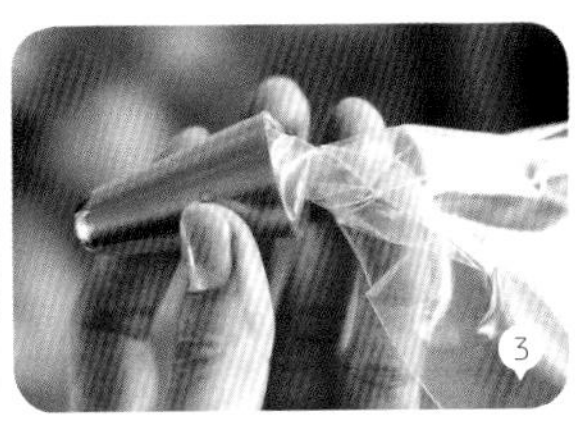
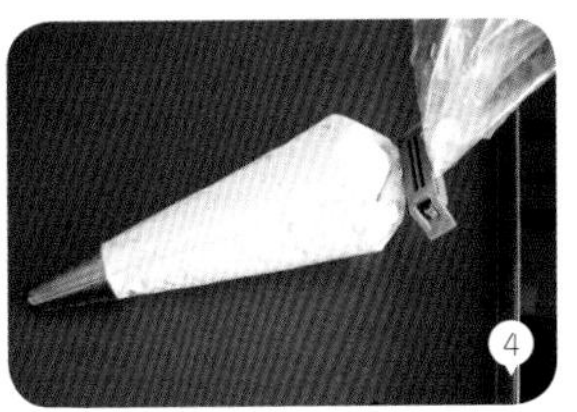

1）打开裱花袋，如果是一次性裱花袋，先用剪刀在前端剪开直径1厘米宽的口。
2）将花嘴从内部塞入，向外推出。
3）将前端扭紧，敞开裱花袋口，将其翻转套在杯子上。
4）倒入材料后，用刮板挤压出空气，将后面用夹子扎紧。

使用鱼胶粉

1）将称量好的鱼胶粉置于碗中，加入5倍的冷水。
2）静置片刻，鱼胶粉会因吸收水分而泡发呈凝胶状。
3）连碗置于热水中，隔水加热至融化即可使用。

使用吉利丁片

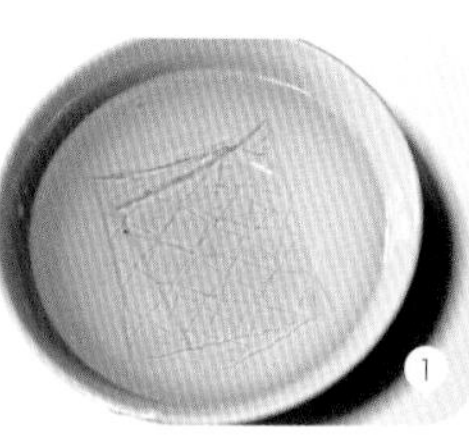

1）将吉利丁片泡于冷水中，冰水更好，全部浸入。
2）待完全泡软后，捞出吉利丁片并挤干水分。
3）放入已加热的液体中搅拌至融化，或放入碗中隔水加热，直至融化即可使用。

冻蛋糕（慕斯蛋糕/冻芝士蛋糕）脱模

1）将凝固后的冻蛋糕连模从冰箱取出，用电吹风热风档贴着蛋糕模周围吹2～3分钟，或以热毛巾包裹蛋糕模周围几分钟。
2）找一个高出模具高度，且面积小于活底蛋糕模缺口的圆形罐头，将蛋糕模放在上面。
3）双手扶着模具边缘，向下轻轻用力，即可将蛋糕脱出，再以蛋糕刀取用。

悄悄话：提高成功率的小秘诀

记得刚刚开始接触烘焙的时候，有时明明所有的材料、配方都没有错，步骤也都是按照书上或网上的做法一步步完成的，却还是会失败：有时蛋糕膨不起来，或是烤出来会塌陷，甚至完全没有弹性……在网上烘焙论坛里请教过前辈，翻看了不少烘焙的相关书籍，也总结了一些自己的经验教训，发现其实一些关键步骤还是有些小窍门的，掌握了这些小秘诀就能大大提高成功率哦。

除了下面介绍的几个小秘诀之外，在本书后面具体的点心做法中会把相关的小提示列举在旁边。熟记这些小窍门，和宝贝一起做出可爱的点心吧！

用乳化法制作蛋糕面糊

制作蛋糕面糊时，需要将水分（牛奶）和油分（牛油）充分混合后，并将两种材料加热至60℃～80℃，使其产生乳化效果。这时水分和油分充分混合，加入面糊的时候更容易与其他材料均匀混合，不会导致分层和沉底，蛋糕在烘焙时才能够成功膨胀。

过筛面粉的窍门

粉类之所以在使用前需要过筛，一是为了消除结块儿和大的颗粒，二是为了使其松散并含有空气。所以最好不要筛入盆中，而应筛在面积较大的纸上，不要堆积，摊开会比较好。而且不要太早筛，以免吸入空气中的湿气。如果是做蛋糕，面粉最好在拌和之前过筛两次，这样面粉中含有的空气会更充分。

拌和面糊的技巧

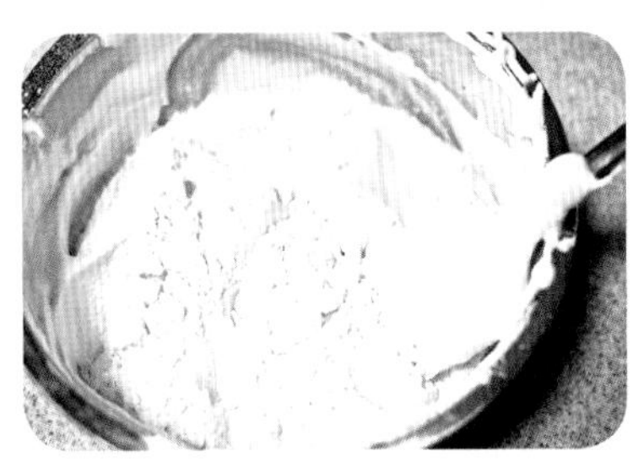

制作蛋糕都少不了要拌和各种面糊，切忌使用搅拌器直接划圈混合，因为这样容易导致蛋白消泡及面粉出筋。需要使用橡皮刮刀，倾斜着插入面糊，快速轻柔地从底部向上捞拌，同时转动搅拌盆，至粉类消失。在制作蛋糕卷时，洗干净双手，张开五指从底部向上捞取面糊拌匀也是一个有效的方法。这样拌出来的面糊能充分保持气泡，轻盈且均匀，能烤出柔软蓬松的蛋糕。

将面糊倒入蛋糕模的注意事项

通常面糊拌好后，在搅拌盆底下的面糊比上面的面糊要稍重。倒入模具内后最好用汤匙稍微搅拌一下，使其比重更均匀，这样更容易烘烤出厚薄均匀的蛋糕。

蛋糕出炉需要快速散热

当海绵蛋糕或蛋糕卷烤好的时候，从烤箱连模取出蛋糕后，在距离桌面20厘米的地方使蛋糕模落下。这样蛋糕内部的热气能在撞击桌面的瞬间向外散发，使内部冷却，从而维持中心的膨胀气泡，避免内部热度产生水气而使蛋糕塌陷，蛋糕也能更好地保持松软。要记得完成操作后立即将蛋糕倒置在烤架上完全冷却。

打发裱花鲜奶油的窍门

如果要在蛋糕上裱花装饰，动物性鲜奶油打发出

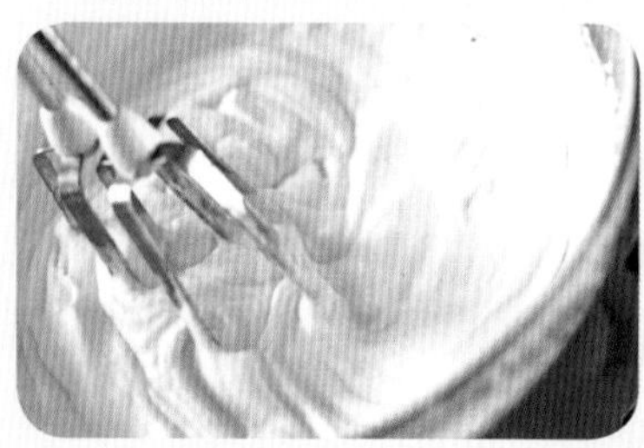

来的硬挺程度比不上植物性鲜奶油。但从健康考虑，建议爸爸妈妈还是尽量使用动物性鲜奶油。而乳脂含量越高（35%以上）的动物性鲜奶油打发后裱花的效果越好。在搅打至7分发以后，逐渐加入一些全脂奶粉一同搅打至9分发，奶油的成型度会更好。同时也要注意控制，不要搅打过度，导致油、水分离了。

如何切出漂亮的冻芝士/慕斯蛋糕件

做好冻芝士或慕斯蛋糕后，想切出像蛋糕店一样漂亮的切件，可以准备好一大杯热开水和一块干净的软布。先将蛋糕刀浸入热水中30秒，使刀刃变热，取出用软布拭干水分，趁刀刃有热度马上切蛋糕。记住每一刀切下之前都需要重复“加热－擦干”的步骤，这样冻芝士蛋糕或慕斯蛋糕的切面会非常平整光滑，切出来的蛋糕就非常漂亮了。

Part 2
一起动手的幸福滋味

烘焙零基础：不用烤箱的小点心

草莓圣诞老人

总能讨宝贝欢心的新鲜草莓，如果配上鲜奶油，做成可爱的圣诞老人造型，一定会让他们开心得想尖叫！做法非常简单，10分钟就可以端出来招待小客人们。节日的聚会，妈妈和宝贝一起来动动手吧！

可以讲给宝贝听的甜点小历史/小知识：

圣诞老人－Santa Claus：传说每年的12月24日晚上，有个神秘的老爷爷会驾乘由12只驯鹿拉的雪橇，挨家挨户地从烟囱进入屋里，然后偷偷把礼物放在好孩子床头的袜子里，或者堆在壁炉旁的圣诞树下。老爷爷头戴红色圣诞帽子，长长的白色胡子，一身红色棉衣，脚穿红色靴子，因为总在圣诞节前夜出现派发礼物，所以我们都称他为“圣诞老人”。

主要工具

- 搅拌盆
- 电动打蛋器
- 花嘴
- 裱花袋
- 牙签
- 水果刀

材料

- 新鲜草莓16颗
- 鲜奶油100毫升
- 细砂糖20克
- 炒熟的黑芝麻少许

分工：

妈妈　步骤（准2，做1～4）

宝宝　步骤（准1，做5～6）

准备工作：

1 将草莓用淡盐水浸泡半小时，捞起后用流动水冲洗干净，择去蒂。

2 将花嘴装在裱花袋上。

做法：

1 将择去蒂的草莓根部切去薄薄一层，使其可以立在平面上。

2 在距离尖的一端1/3处横切开，切面向上排在盘中。

3 分3次边加入细砂糖，边将鲜奶油打发至8分发。

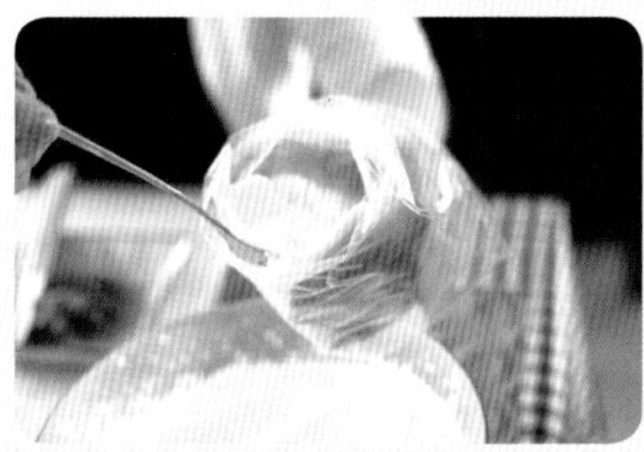

4 将打发的鲜奶油装入裱花袋。

5 在草莓切面上挤上鲜奶油，盖上尖的一端。

6 牙签粗的一头蘸少许清水，蘸上黑芝麻点在奶油上做眼睛。

小提示：

TIP 1

将搅拌盆和电动打蛋器的搅拌棒放入冰箱冷藏室冷藏10分钟后取出，再隔一盆冰水搅打鲜奶油，鲜奶油则更容易打发，但要注意不要打过头导致油水分离，当出现明显花纹且不容易消失的时候就可以了。在打发的时候加入少量全脂奶粉更容易定型，打发后的鲜奶油也比较硬挺。

TIP 2

在将奶油装入裱花袋时，可以先将裱花袋放入一个杯子中，沿杯沿翻出袋子，这样会比较容易将奶油装入袋中。

棉花花占糖

还记得小时候吃的花占饼干吗？那时候总是先把饼干上的花占糖吃掉，印象中甜甜脆脆的口感……现在，用棉花糖和糖粉，让宝贝一起来重温妈妈记忆里的味道吧！

主要工具

- 微波炉碗
- 筷子
- 裱花袋
- 菊花形花嘴
- 烘焙纸

材料

- 棉花糖30克
- 糖粉60克（棉花糖和糖粉的比例为1：2）
- 凉开水10毫升
- 装饰糖珠少许

分工：

妈妈

步骤（准2，做2～4）

宝宝

步骤（准1，做1、5～6）

准备工作：

1 称量好各种材料。

2 将花嘴装至裱花袋上。

做法：

1 棉花糖放入微波炉碗内，用凉开水淋湿表面。

2将淋湿的棉花糖放入微波炉，高火加热20～30秒，观察到棉花糖膨胀起来即可。

3取出微波炉碗，用筷子快速搅拌膨胀的棉花糖使其成为糖稀。

4将糖粉边加入糖稀，边继续用筷子搅拌，直至成为稍结实的糖泥状（提起筷子，滴落下的糖稀花纹不会轻易消失的状态）。

5将糖泥装入裱花袋，在烘焙纸上绕圈挤出花占糖的形状。

6 放上装饰糖珠，连盘放在干爽通风的地方凉一天直至完全干燥。

包装范例：

记得将花占糖放入密封罐内保存，以免受潮。如果要送给好朋友，可以装在漂亮的玻璃小瓶里，用丝带装饰。

季节水果挞

相信没有小朋友会拒绝颜色鲜艳、样子漂亮的水果挞。外面是酥脆的挞皮，里面是软滑的芝士奶油馅儿，搭配清甜的应季水果，美味又营养。

主要工具

- 水果刀
- 电动打蛋器
- 搅拌盆
- 搅拌器

材料

- 速冻挞皮16个（小）
- 草莓8个
- 杧果1个（中）
- 奇异果2个
- 鲜奶油100毫升
- 忌廉芝士100克
- 砂糖30克

分工：

妈妈　步骤（准2～3，做1～2）

宝宝　步骤（准1，做3）

准备工作：

1 将草莓用淡盐水浸泡半小时，捞起后用流动水冲洗干净，择去蒂。

2 忌廉芝士提前从冰箱取出放至室温回软。

3 速冻挞皮从冰箱取出，用烤箱180℃加热翻烤5分钟。

做法：

1 将水果去皮切成小片或小丁。

2 鲜奶油加细砂糖打发呈不滴落的状态，再将忌廉芝士打软，加至打发的鲜奶油中拌匀。

3 在挞皮里填上奶油芝士馅儿，在上面摆上水果装饰即可。

小提示：

TIP

水果可以随喜好更换使用当季新鲜水果，注意颜色的搭配。

蜜糖小松饼

小松饼的做法源于华夫饼，但没有使用格子形状的烤盘，而是利用平底锅做成可爱的圆形薄饼。搭配蜜糖、牛油或果酱、冰激凌都可以，是小朋友们都爱吃的早餐。也可以在两片松饼中间夹上红豆沙，变身为叮当猫爱吃的铜锣烧哦！

主要工具

- 搅拌盆
- 搅拌器
- 面粉筛
- 平底锅

材料

- 鸡蛋2个
- 蜂蜜100克
- 牛奶100毫升
- 低筋面粉150克
- 牛油20克
- 泡打粉1茶匙
- 盐少许

分工：

妈妈

步骤（准1，做2～3）

宝宝

步骤（准2，做1、4）

准备工作：

1 将牛油隔水加热或在微波炉内加热至融化。

2 将低筋面粉、泡打粉和盐混合，过筛两遍。

做法：

1 将鸡蛋打散，加入融化的牛油、蜂蜜、牛奶搅匀。

2 加入过筛后的低筋面粉、泡打粉、盐，搅拌均匀至糊状备用。

3 平底锅刷上牛油加热，舀一勺面糊浇在锅中心，慢慢摊圆，小火煎至饼的表面出现小气孔，翻面，煎至两面都呈金黄色。

4 煎完所有面糊，装在盘中，淋上蜂蜜或糖浆即可。

小提示：

TIP 1

搅拌面糊的时候力度要轻，翻拌到没有粉末的颗粒状即可。避免因过度搅拌导致出筋，而使做出来的松饼口感偏硬。

TIP 2

煎松饼的时候注意一定要用小火，留心观察面糊的变化，当整个饼面布满小气孔的时候就可以翻面了。

土豆怎么做都好吃——你和宝贝有没有和我一样的想法？加入芝士和火腿的土豆饼，不光是小朋友，连大人也爱吃哦。

主要工具

- 搅拌器
- 汤勺
- 刀
- 微波炉碗
- 平底锅

材料

- 鸡蛋1个
- 土豆400克
- 芝士片1片
- 圆火腿1片
- 盐5克
- 玉米油15毫升
- 大蒜1瓣
- 玉米淀粉15克
- 面包糠少许

分工：

妈妈 步骤（准1，做1～2、4～5）

宝宝 步骤（准2，做3）

准备工作：

1 土豆洗干净，去皮后切成小块。

2 将鸡蛋在碗中打散。

做法：

1 将土豆放入微波炉碗内，加盖用微波炉高火加热10分钟，取出后用勺子压成泥。

2 鸡蛋在碗中打散，火腿和芝士片分别切成小粒，大蒜切成蓉。

3 在土豆泥中加入鸡蛋液、盐、火腿丁、芝士碎及蒜蓉，最后加入玉米淀粉，搅拌均匀。

4 将土豆泥用勺压成小圆饼，滚上面包糠。

5 平底锅放油加热，放入土豆饼，小火煎至两面金黄即可。

TIP

小提示：

芝士要趁刚从冰箱取出时切，切成丁后拌一点儿玉米淀粉可防止粘成团。

田园小米饼

使用糯米粉制作的小饼干，口味可咸可甜，不需要烤箱，只用微波炉就可以做出来。妈妈和宝宝快一起来动手吧！

可以讲给宝贝听的甜点小历史/小知识：

米饼：米饼是日式米果之一。据记载，它是日本江户时代（17世纪～19世纪）根据中国传入的“煎饼”制法，把面粉改用米粉，并采用烤制加工而发展起来的一种日本传统糕点。在日本，米饼有着悠久的历史背景，最初是作为朴素的家庭点心而诞生，后来渐渐成为祭祀时必不可少的食物。

主要工具

- 微波炉碗
- 微波炉碟
- 搅拌器
- 微波炉保鲜膜
- 擀面杖
- 剪刀
- 毛刷

材料

- 糯米粉100克
- 玉米淀粉15克
- 凉开水100毫升
- 生抽5毫升
- 砂糖3克
- 植物油少许

分工：

妈妈　步骤（做2、4～6、8）

宝宝　步骤（做1、3、7）

做法：

1 将糯米粉、玉米淀粉、砂糖混合均匀。

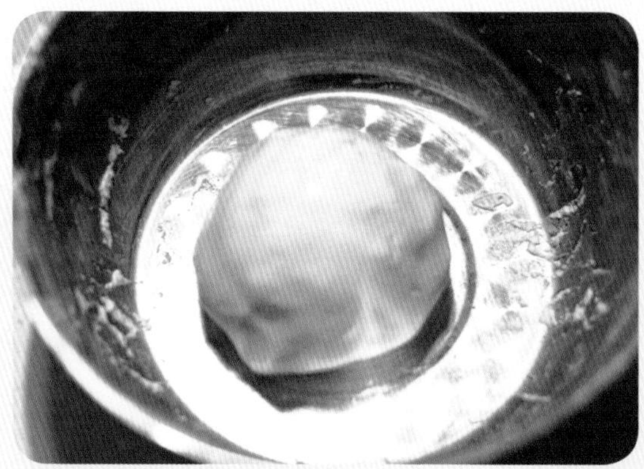

2 加入100毫升凉开水和生抽，混合均匀，揉成光滑的面团。

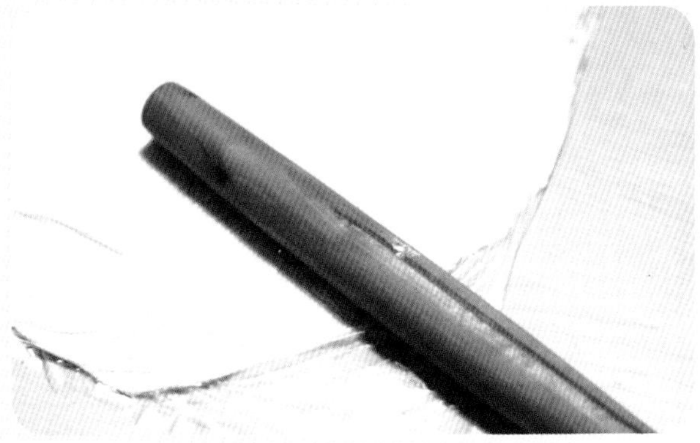

3 将面团隔着保鲜膜用擀面杖擀成3毫米厚的面皮。

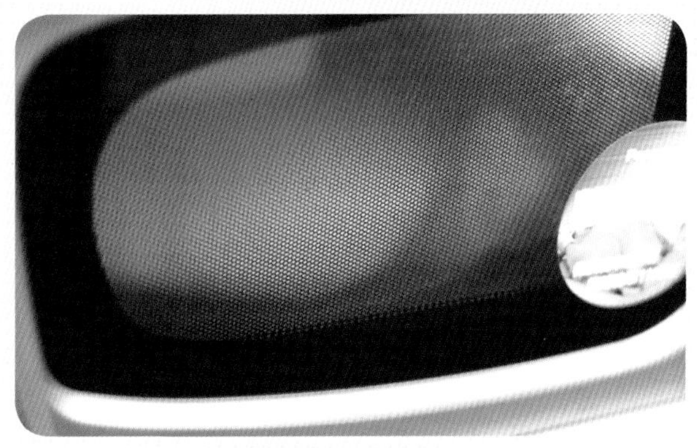

4 用微波炉适用的保鲜膜覆盖包起面皮，放入微波炉内，用高火加热1分钟，看到面皮变成半透明就可取出。

5 待面皮稍凉后揭去保鲜膜，放在架子上彻底晾干（20℃的室温一般需要16～20小时）。

6 晾干以后用剪刀剪成长宽3厘米的小方片。

7 在面片两面和盘子里面都涂上植物油，再在面片表面刷一点点生抽（视口味可加可不加）。

8 放入微波炉用中火加热2分钟，观察到面片膨起且呈白色即可。

缤纷巧克力球

香滑的松露巧克力球，因为加上可爱的装饰而别具一格。父亲节的时候，宝宝和妈妈一起偷偷做一盒送给爸爸吧，他一定会高兴坏的！

可以讲给宝贝听的甜点小历史/小知识：

巧克力的历史：巧克力的主要原料是可可豆，发源于南美洲。1527年，西班牙冒险家赫南·柯特兹来到位于今天墨西哥地区的阿兹特克王国，看到人们喝的一种褐色饮品，觉得味道奇妙美味，于是将原料可可豆带回了西班牙，从此成为宫廷中备受欢迎的饮品。1615年，西班牙的安娜公主嫁给路易十三时又将热巧克力传入了法国。

主要工具

- 搅拌盆
- 橡皮刮刀
- 搅拌器
- 汤勺
- 叉子
- 巧克力纸托

材料

- 牛奶巧克力100克
- 鲜奶油40毫升
- 香草油少许
- 细砂糖5克
- 牛油5克
- 可可粉、装饰糖各适量

分工：

妈妈　步骤（做2、4~5）

宝宝　步骤（做1、3、6）

做法：

1 将巧克力掰碎成小块儿。

2 将巧克力碎和鲜奶油一起放入搅拌盆中，隔水加热，轻柔搅拌直至巧克力完全融化，并与鲜奶油混合均匀。

3 移开火源，待巧克力浆稍温后，加入香草油、细砂糖和牛油，搅拌至所有材料融化。

4 放入冰箱冷藏20分钟，使混合后的巧克力浆稍变硬。

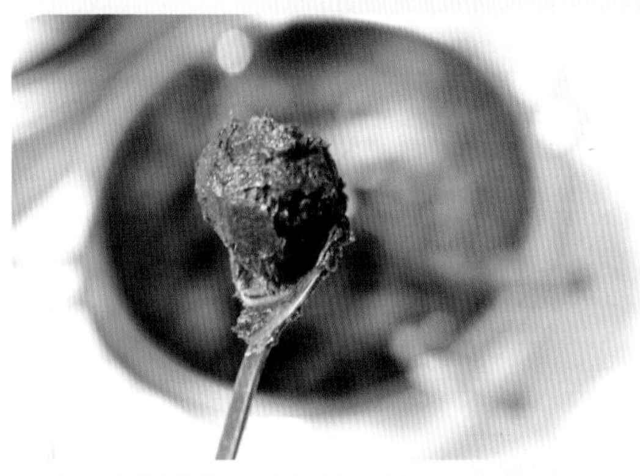

5 用汤勺将巧克力舀成小圆球状。

6 用叉子将巧克力球滚上可可粉或装饰糖粒，放入纸托中。

小提示：

TIP 1

隔水加热巧克力时，要注意不要加热过度，以免使巧克力沸腾。

TIP 2

做巧克力球时，可在手指上涂抹适量牛油，以便巧克力更易于成小圆球状。

包装范例：

整齐地将巧克力球排入漂亮的纸盒里，扎上丝带送人既贴心又甜蜜。

鸡蛋帆船

富含蛋白质、维生素和铁质的鸡蛋，向来都是宝宝们的好食物。吃腻了水煮蛋千篇一律的味道，不妨加入沙拉酱，再花点儿心思改变一下造型，宝宝们一定会喜欢的！

主要工具

- 煮锅
- 水果刀
- 小勺
- 沙拉碗

材料

- 鸡蛋4个
- 灯笼椒1/2个
- 沙拉酱2大勺
- 盐少许

分工：

妈妈 步骤（做1、3、5~6）

宝宝 步骤（做2、4、7）

做法：

1 将鸡蛋煮熟。

2 将鸡蛋浸人凉水片刻，捞出，剥去蛋壳。

3 纵向对半切开鸡蛋，用小勺舀出蛋黄，放入沙拉碗中。

4 将蛋黄用小勺碾碎，加入沙拉酱和盐搅拌均匀，即成蛋黄沙拉。

5 将灯笼椒切成底长1厘米，宽5~6厘米的长三角形。

6 将切好的灯笼椒在沸水中烫熟，捞出后凉凉。

7 把拌好的蛋黄沙拉填回蛋白中，插上灯笼椒当做帆船作装饰。

小提示：

TIP

可以根据宝宝口味喜好，加入培根碎或香草末，在蛋黄顶端放上一点点肉松味道也不错哦。

虾仁麻薯煎饼

麻薯又软又Q的口感，搭配上香嫩的虾仁，简单又营养美味的点心，很适合给宝贝当早餐或下午茶点。

可以讲给宝贝听的甜点小历史/小知识：

麻薯的由来：日本人把糯米粉或其他淀粉类制成的有弹性和黏性的食品叫做“饼”，日语发音为もち/mochi，台湾音译之为“麻薯”。

主要工具

- 平底锅
- 小刀
- 搅拌盆
- 搅拌器
- 汤匙

材料

- 小虾仁8只
- 糯米粉60克
- 玉米淀粉60克
- 盐、胡椒粉各少许
- 植物油30毫升

分工：

妈妈　步骤（准备工作，做3～4）

宝宝　步骤（做1～2）

准备工作：

- 将虾仁洗净挑去沙线，切成小丁。

做法：

1 将糯米粉、玉米淀粉混合，加入120毫升冷水搅拌均匀。

2 拌入虾仁丁、盐和胡椒粉，充分搅匀成糊状。

3 平底锅放油加热，用大汤匙舀一勺面糊倒在锅中间，小火煎成金黄色的小圆饼，翻面再煎至另一面也呈金黄色。用同样方法将面糊煎完。

4 将煎好的圆饼排在盘中，可以蘸沙拉酱或日式沙拉醋吃。

小提示：

TIP

如果想更快速地煎好麻薯饼，可以一次性将面糊倒入平底锅内，转动锅将面糊摊成大圆饼，煎好后再切成小块儿上盘。

酥香金枪鱼小丸子

金枪鱼肉低脂肪、低热量，含有优质的蛋白质和氨基酸，其中丰富的DHA有利于促进大脑的发育，提高记忆力，是宝宝成长时期的最佳营养品。土豆也是小朋友们都爱吃的食物，将土豆泥和金枪鱼肉混合在一起，做成酥嫩香脆的小丸子，搭配清新的柠檬沙拉蘸酱，是一道营养又可口的小食品。

可以讲给宝贝听的甜点小历史/小知识：

金枪鱼－Tuna：你知道吗？金枪鱼是大海里的游泳健将哦！它的身体呈纺锤形，能有效地减少在水中的阻力，鱼雷就是模仿它的体形而发明的。强劲的肌肉及新月形尾鳍，鳞已退化为小圆鳞，使它适于快速游泳，一般时速为每小时30～50公里，最高时速可达160公里，比陆地上跑得最快的动物还要快，只有极为凶残的鲨鱼和大海豚方能与它匹敌。金枪鱼的旅行范围可以远达数千公里，能做跨洋环游，被称为“没有国界的鱼类”。

主要工具

- 搅拌盆
- 微波炉碗
- 擀面杖
- 保鲜袋
- 汤匙
- 大碟子
- 平底煎锅
- 叉子
- 沙拉碗

材料

丸子
- 金枪鱼罐头170克
- 土豆500克
- 鸡蛋1个
- 植物油3汤匙（每汤匙约45毫升）
- 高筋面粉、盐各少许

蘸酱
- 沙拉酱4汤匙（每汤匙约60毫升）
- 橄榄油1汤匙（每汤匙约15毫升）
- 柠檬汁1汤匙（每汤匙约5毫升）

分工：

妈妈 步骤（准1、3，做1、5～7）

宝宝 步骤（准2、4，做2～4）

准备工作：

1 土豆去皮，切小块，放微波炉碗内加少量水，微波炉高火加热8分钟后取出。

2 倒掉碗里多余的水，稍凉后装入保鲜袋，用擀面杖将土豆块压成泥。

3 取出金枪鱼肉，沥去油分，用叉子压碎。

4 将鸡蛋在碗内打散备用。

做法：

1 将金枪鱼肉碎倒入土豆泥中，加入鸡蛋液和盐，搅拌至起劲，盖上盖子松弛30分钟。

2 在大的浅碟内倒上高筋面粉，同时将两只手掌都拍上面粉。

3 用15毫升的量匙舀起一勺金枪鱼土豆泥，用手揉成乒乓球大小的丸子。

4 将丸子放入面粉碟内滚一圈，使其裹上一层薄薄的面粉。

5 将植物油倒入平底锅内加热，放入丸子，用中火煎10分钟，翻面，煎至丸子呈金黄色。

6 夹出丸子，放在厨房纸巾上吸去多余的油分。

7 将蘸酱材料在沙拉碗内混合搅拌均匀，配上丸子装碟。

小提示：

TIP 1

揉丸子的时候，用力需要均匀，轻轻揉成圆形即可，太大力气会导致丸子走形。

TIP 2

煎丸子时，不要随意搅动，避免弄碎，等煎到一面金黄色再翻动丸子。

从简单的小饼干开始

脆杏仁蛋白小饼

这款小饼干的制作过程非常简单，利用蛋白做出的酥脆口感，是成功率很高的一款小点心。第一次做饼干，不妨试试从这款脆杏仁蛋白小饼开始。

主要工具

- 搅拌盆
- 烹调温度计
- 电动打蛋器
- 橡皮刮刀
- 裱花袋
- 花嘴
- 烘焙油布/硅胶垫
- 小刀

- 蛋白40克
- 细砂糖20克
- 玉米淀粉25克
- 杏仁条适量

分工：

步骤（准3～5，做1～2）

步骤（准1～2，做3～4）

准备工作：

1 将鸡蛋分离出蛋白。

2 称量好各种材料。

3 将杏仁条切成碎粒。

4 装好裱花袋和花嘴。

5 烤箱预热至100℃。

做法：

1 蛋白放入干爽洁净的搅拌盆中，一边用50℃左右的热水隔水加热，一边分次加入细砂糖，用电动打蛋器打至湿性发泡。

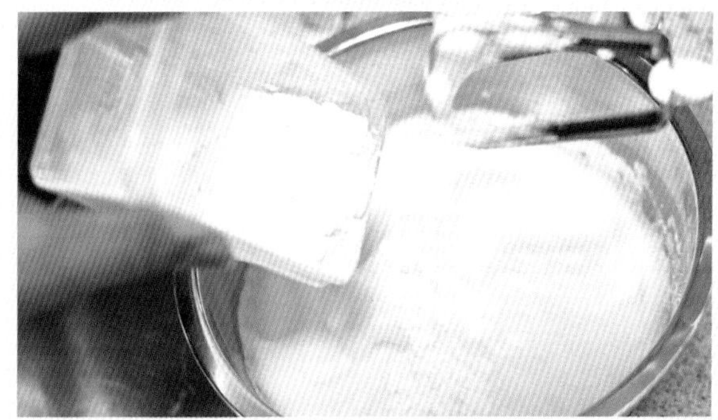

2 待蛋白温度升至和人体温接近时，停止隔水加热，慢慢加入玉米淀粉，继续将蛋白打至干性发泡。

3 将蛋白霜装入裱花袋，挤在铺了烘焙油布/硅胶垫的烤盘上。

4 表面撒上杏仁碎，放入烤箱以90℃烘烤60分钟，烤好后不要打开烤箱门，继续放在里面30分钟至完全烘干。

小提示：

TIP 1

打发蛋白时，想要打出持久的气泡，在开始的时候用电动搅拌器以高速混合，手左右移动，待出现细密的气泡后纵向移动搅拌器，再一点点加入砂糖。如果一开始就加入所有砂糖，蛋白会变得松散。

TIP 2

蛋白打发的程度见第9页。

TIP 3

烤饼干的时候，垫油布比垫烘焙纸更容易取下烤好的饼干。烘烤时蛋白霜会膨胀，挤在盘上的时候注意间隔一定距离，以免粘连。

TIP 4

蛋白霜要尽快烘烤，以免消泡。烤蛋白小饼的时候一定要注意烤箱的温度，如果火力太大，饼干会变得焦黄，难以呈现蛋白饼干特有的可爱白色。

花生小酥饼

咸咸、香香、脆脆的花生仁，混在酥脆的小圆饼里，每一口咬下去，都有浓浓的牛油香味散发出来。装在漂亮的包装袋里，可以带给小伙伴哦！

主要工具

- 搅拌盆
- 电动打蛋器
- 面粉筛
- 小刀
- 汤匙
- 烘焙纸

材料

- 牛油70克
- 鸡蛋1个
- 细砂糖80克
- 低筋面粉120克
- 小苏打1/4茶匙
- 泡打粉1/4茶匙
- 蒜蓉花生/南乳花生50克
- 盐/腐乳少许

分工：

妈妈

步骤（准1、3，做1～2、4～7）

宝宝

步骤（准2，做3、5）

准备工作：

1 提前取出牛油放在室温下软化。

2 将低筋面粉、小苏打、泡打粉混合，过筛两遍。

3 将花生仁去皮碾碎。

做法：

1 将软化的牛油放入搅拌盆中，一边加入细砂糖，一边用电动打蛋器打至呈羽毛状花纹。

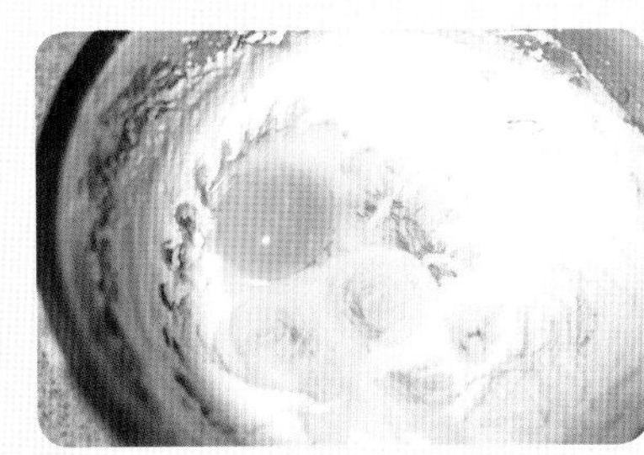

2 将鸡蛋磕入奶油中，继续搅打至发白。

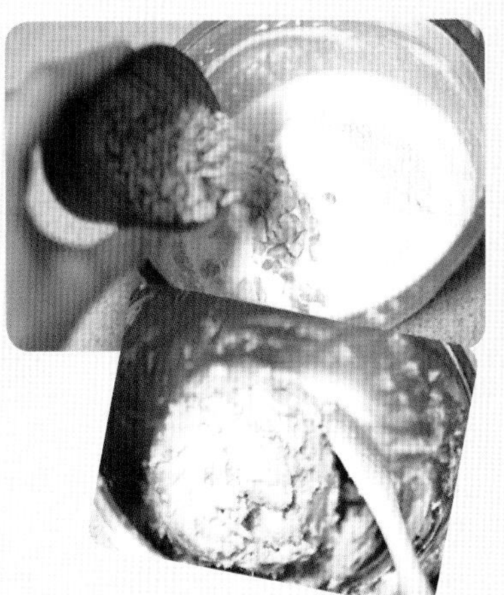

3 加入过筛后的粉类和花生碎，揉成面团。

4 烤盘铺上烘焙纸，分次用汤匙将面团舀入烤盘中，整形成大小均匀的小圆饼。

5 将小圆饼放入预热到180℃的烤箱中烤20分钟。

6 熄火后利用烤箱的余温继续烘干饼干内的水分，等完全冷却后取出。

小提示：

TIP

冷却后的小饼干，如一次吃不完，需及时装入密封容器，以免受潮影响口感。

包装范例：

饼干装入干净的透明食品袋，用彩色丝带扎起，并用镂空的蛋糕花边垫纸装饰，是送给小伙伴的好礼物。

怀旧鸡蛋小饼干

还记得吗？小时候可吃的零食不多，鸡蛋饼是在表现好的时候才能得到的好东西之一。妈妈不妨和宝宝一起来做这个小饼干吧，虽然简单朴实，却又健康美味。

主要工具

- 搅拌盆
- 电动打蛋器
- 分蛋器
- 橡皮刮刀
- 面粉筛
- 裱花袋
- 圆形花嘴
- 烘焙油布/硅胶垫
- 烤盘

材料

- 鸡蛋2个
- 低筋面粉50克
- 细砂糖50克

分工：

妈妈

步骤（准3～4，做1～4、6）

宝宝

步骤（准1～2，做5）

准备工作：

1 将鸡蛋的蛋白蛋黄分离。

2 面粉过筛。

3 安装好裱花袋和花嘴。

4 烤箱预热至180℃。

做法：

1 将蛋白放入搅拌盆中，分次加入2/3（约35克）的细砂糖，用电动打蛋器打发至湿性发泡。

2 取另一搅拌盆，放蛋黄并加入剩余的细砂糖，用电动打蛋器打至发白且体积稍膨大。

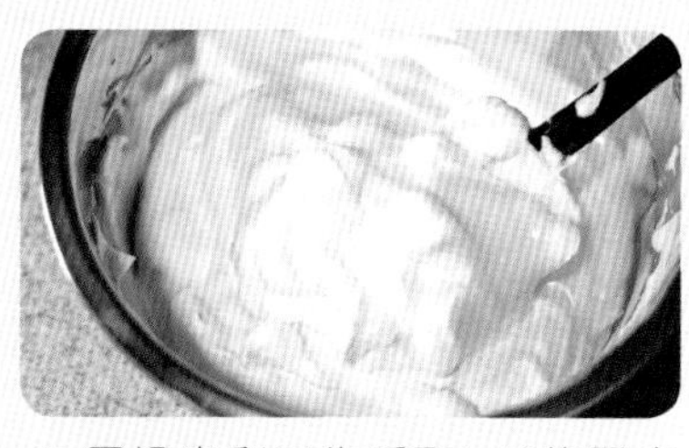

3 用橡皮刮刀先舀取1/3的蛋白霜与蛋黄糊以划十字的动作拌匀，再全部加入剩下的蛋白霜轻轻拌匀。

4 将面粉筛入蛋糊，继续划十字，轻柔且迅速地拌匀成面糊。

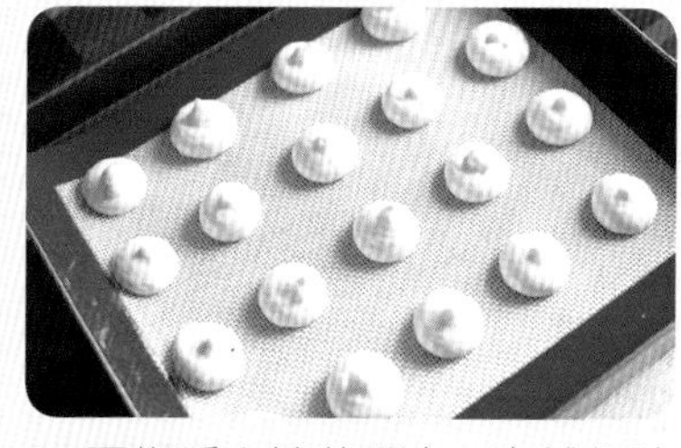

5 面糊舀入裱花袋中，在铺好油布/硅胶垫的烤盘里挤出形状（因为会膨胀，要留好空隙）。

6 放入预热好的烤箱中层，以180℃烤15～20分钟，观察到表面微微上色就熄火。

小提示：

TIP 1

蛋白霜的打发技巧和程度请参见第9页。

TIP 2

不要过度用力搅拌，以免蛋白消泡，烤出的饼干会硬且不酥脆。

包装范例：

透明包装袋、彩色丝带、带花纹的油纸、格子包装纸。

香草小苏打饼

吃腻了甜品，咸香的苏打饼干是小朋友休闲时候的好零食。加入百里香、迷迭香和罗勒混合制成的干燥香草末，苏打饼干就有了不一样的风味。

可以讲给宝贝听的甜点小历史/小知识:

香草，指芳香植物，英文里我们称为Fragrant Herb，有时也为称药草，是会散发出独特香味的植物。通常有调味、制作香料或萃取精油等功用，其中很多也具备药用价值。全世界有三千多种，薰衣草、迷迭香、百里香等都是常见的香草。

主要工具

- 面粉筛
- 搅拌盆
- 小碗
- 擀面杖
- 饼干模
- 小刀
- 叉子
- 毛刷
- 烘焙纸
- 烤盘

材料

- 低筋面粉150克
- 牛奶100毫升
- 干酵母1/2茶匙
- 盐1/4茶匙
- 小苏打1/2茶匙
- 混合香草末少许
- 牛油30克
- 黑芝麻适量

分工:

妈妈 步骤（准2，做1～3、6）

宝宝 步骤（准1，做4～5）

准备工作:

1 将面粉、盐、小苏打混合过筛。

2 将牛油用微波炉高火加热30秒融化。

做法:

1 将牛奶加热到微温（不超过40℃），倒入干酵母，搅拌至溶解。

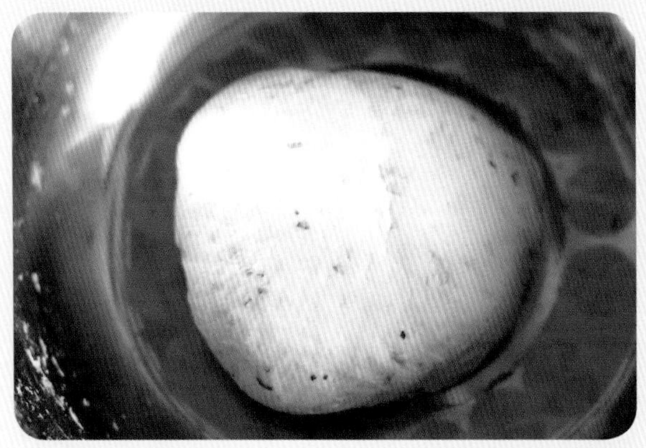

2 过筛后的粉类加入香草末拌匀，再慢慢倒入酵母牛奶，混合成面团。

3 加入融化的牛油，用手揉搓成光滑的面团。

4 将面团用擀面杖擀成3毫米厚的薄皮，用模子印出形状，或用小刀划开，排入铺了烘焙纸的烤盘。

5 用叉子在饼皮上叉些小孔（以免烘烤时膨胀变形），撒上芝麻，再用毛刷扫上一层淡盐水。

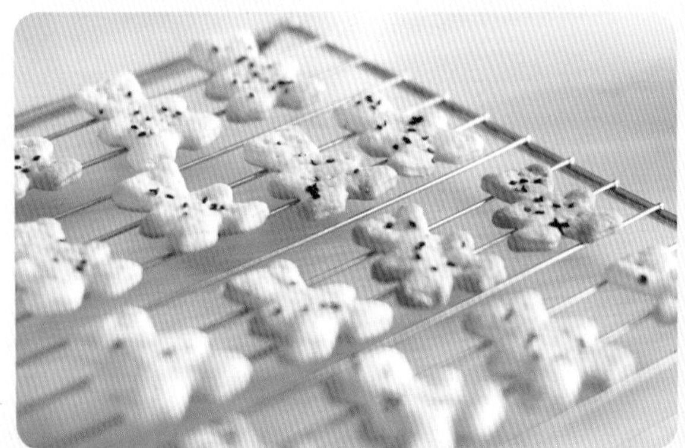

6 饼皮静置10分钟，同时预热烤箱至190℃，放入烤箱中层烘烤10分钟，见到微微上色后关掉烤箱，再焖几分钟，取出凉凉即可食用。

巧克力豆曲奇

酥脆的曲奇饼里嵌着粒粒巧克力豆，每一口咬下去都有浓浓的牛油和巧克力香味。无论是配热牛奶还是热可可，和宝宝一起度过的下午茶时间都会变得无比惬意。

主要工具

- 搅拌盆
- 电动打蛋器
- 橡皮刮刀
- 汤匙
- 烘焙纸
- 烤盘

材料

- 牛油100克
- 细砂糖50克
- 鸡蛋1个
- 低筋面粉150克
- 泡打粉1/4茶匙
- 烘烤用巧克力豆60克
- 香草精少许（可不放）

分工：

妈妈　步骤（准1、4，做1～4、6）

宝宝　步骤（准2～3，做5）

准备工作：

1 提前取出牛油放室温软化。
2 面粉和泡打粉混合过筛。
3 鸡蛋打散。
4 烤箱预热至170℃。

做法：

1 将细砂糖加入软化的牛油中，用电动打蛋器打发成蓬松发白的羽毛状。

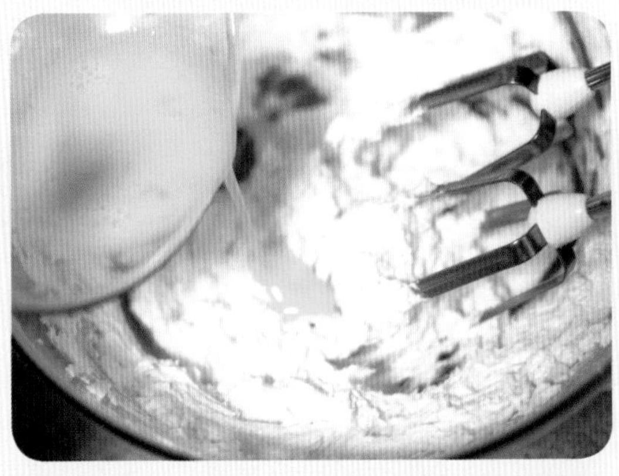

2 分3次加入鸡蛋液，继续搅打均匀（每一次加入蛋液都需要搅打均匀后再加入剩下的蛋液）。

3 加入过筛的粉类，用橡皮刮刀轻轻拌和。

4 加入巧克力豆，用橡皮刮刀翻拌成均匀的面团。

5 用汤匙舀起面团，一个个放置在铺了烘焙纸的烤盘上，整形成圆饼状。

6 放入预热好的烤箱，以170℃烘烤25分钟，熄火后不要马上打开烤箱门，继续用烤箱的余温烘10分钟，使其更酥脆。

小提示：

TIP 1

用橡皮刮刀拌和面糊时，稍微拌和即可，有粉末颗粒也没有关系，如果搅拌太久，饼干烤出来的口感就不酥脆了。

TIP 2

饼形不要过大，直径3厘米以内比较好烘烤。

包装范例：

用带有可爱图案的透明食品袋装上饼干，折上风琴褶，绑上麻绳或丝带，放进小纸盒，贴上喜欢的贴纸，就可以送给朋友啦！

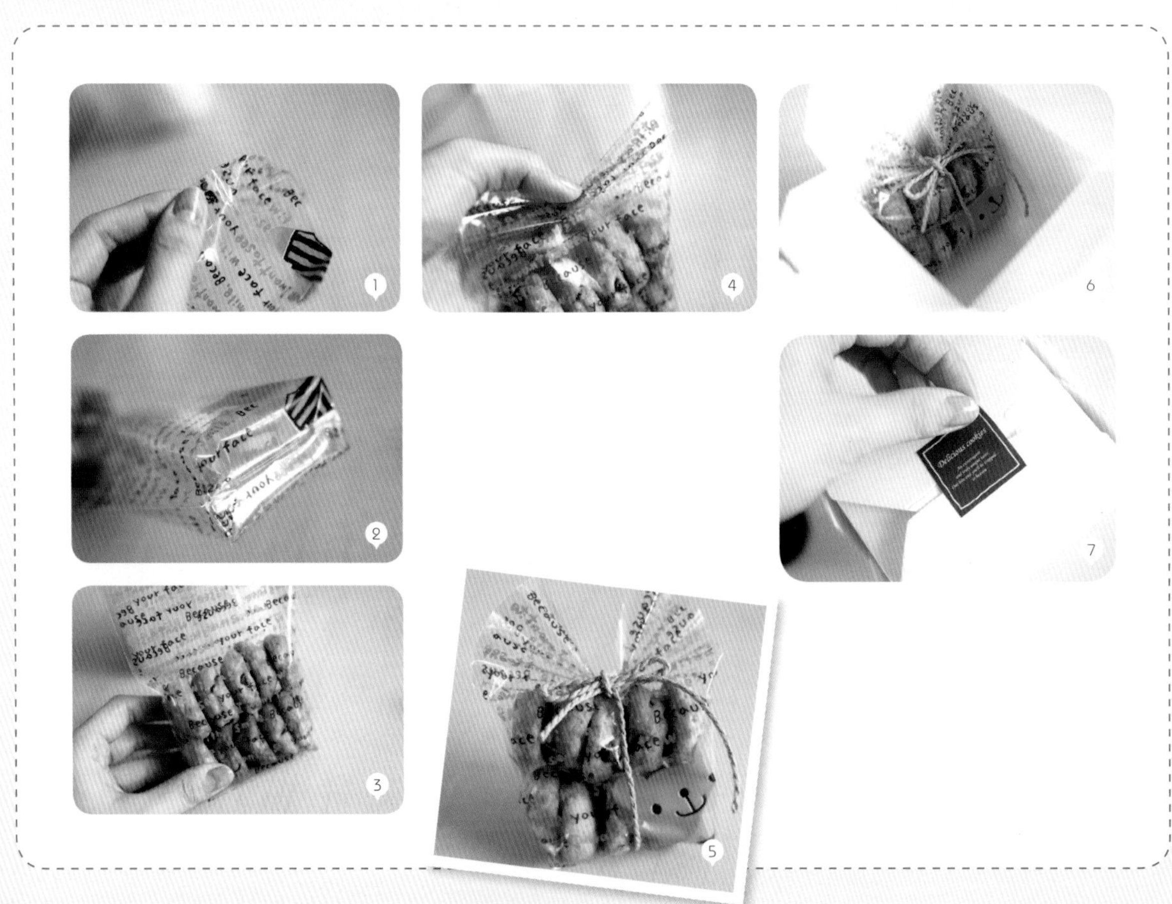

迷你芝士条

吃腻了甜饼干，偶尔换下口味。香脆无比的咸味芝士条，既是放学后的小点心，又是聚会时备受欢迎的小零食。

主要工具

- 面粉筛
- 搅拌器
- 小刀
- 擀面杖
- 烘焙纸

材料

- 高筋面粉100克
- 牛油40克
- 乳酪块（也可用片状芝士代替）20克
- 鸡蛋1个
- 盐少许

分工：

妈妈　步骤（准3，做1～2、6～7）

宝宝　步骤（准1～2，做3～5、8）

准备工作：

1 将面粉和盐混合，过筛两遍。

2 打散鸡蛋。

3 烤箱预热至200℃。

做法：

1 将牛油切成小的颗粒，放入面粉中用手指抓成如面包糠一般的松散的粉末状。

2 将乳酪块切碎，混入面粉和牛油。

3 加入打散的鸡蛋，用叉子搅拌均匀。

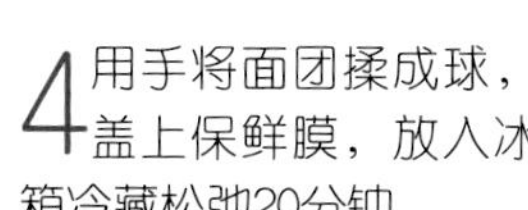

4 用手将面团揉成球，盖上保鲜膜，放入冰箱冷藏松弛20分钟。

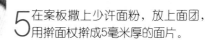

5 在案板撒上少许面粉，放上面团，用擀面杖擀成5毫米厚的面片。

6 用刀将面片切成1厘米宽，10厘米长的条状。

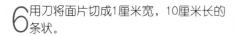

7 将面片摆放在铺了烘焙纸的烤盘上，放入烤箱以200℃烤8分钟至面片呈金黄色。

8 将烤好的芝士条取出凉凉后装入密封罐中保存。

包装范例：

用小号的透明食品袋包装饼干，优点是分量不会太多，类似独立包装。要吃几块，每次取出几包即可，不会使剩下的饼干受潮。

圣诞姜饼小人

还没到圣诞节的时候，俺家宝宝就一直央求着要做姜饼小人。在她看来，和圣诞树、圣诞老人一样，姜饼小人也是圣诞节不可缺少的一部分。你的宝贝是否也一样？每年的圣诞节来临之际，不妨也和宝贝一起动手，做这款简单又温馨的小饼干吧!

可以讲给宝贝听的甜点小历史/小知识：

“麦格勒的姜饼”：

有一个广场名叫麦格勒广场，在广场的一侧有一间甜品屋，老板是个老奶奶。甜品屋只卖一种点心，那就是姜饼小人。人们发现，老奶奶的店里只卖男孩形状的姜饼小人，却始终没有女孩的。

听说，在老奶奶年轻的时候，她的故乡正逢战乱，她救助了一个受伤的军官，后来与他相爱。圣诞节时，老奶奶做了一对男孩和女孩的姜饼小人去送给军官。可没想到他却是敌方的间谍，正要逃亡。临走前，老奶奶把女孩的姜饼人交给了他。军官说：“我一定会回来的。”可是，几十年过去了，老奶奶也离开了故乡，他们再也没见面。老奶奶一直做姜饼小人来纪念她的爱人……

后来，老奶奶去世了，她的徒弟继续做这种姜饼，就这样，姜饼的做法一直被传下去，“麦格勒的姜饼”就成为了一个传统。每逢圣诞节前，到了麦格勒的人都会去买一块姜饼吃。只是，这里的姜饼小人只有男孩形状。

据说又过了很久很久，有一天，一位远方的旅人来到麦格勒广场，他买了一块姜饼小人，忽然想起了什么，从包里掏出一块东西，那是一块女孩形状的姜饼，造型居然很像！很多本地人都围上去看。这位旅人介绍说：“这是我们那个镇的，据说是很久以前的一位老人发明的。他很奇怪，只做女孩形状的姜饼。听说，是为了让他的爱人能找到他……”

主要工具

- 搅拌盆
- 搅拌器
- 橡皮刮刀
- 面粉筛
- 擀面杖
- 保鲜膜
- 饼干模
- 牙签
- 烘焙纸

材料

- 牛油20克
- 红糖40克
- 盐少许
- 蜂蜜40克
- 牛奶20毫升
- 低筋面粉120克
- 小苏打粉1/2茶匙
- 姜粉1/2茶匙
- 肉桂粉1/4茶匙

分工：

妈妈 步骤（准1、3，做2~3、5~6）

宝宝 步骤（准2，做1、4）

准备工作：

1 提前将牛油放置室温软化。

2 将所有粉类混合过筛。

3 在制作步骤3完成之后将烤箱预热至150℃。

做法：

1 将牛油和红糖放入搅拌盆搅拌均匀，加入盐、蜂蜜和牛奶拌匀。

2 加入过筛的粉类，用橡皮刮刀翻拌均匀，至没有粉末颗粒状，并用手揉成面团，包上保鲜膜放入冰箱冷藏松弛1小时。

3 取出松弛后的面团，用擀面杖擀成5毫米薄的面片。

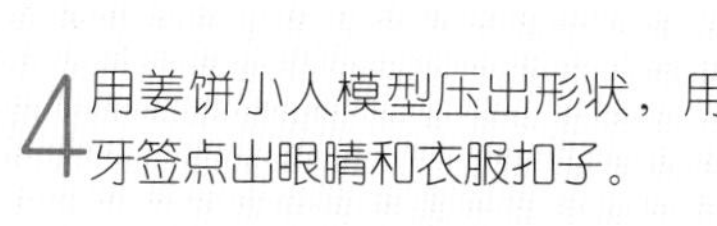

4 用姜饼小人模型压出形状，用牙签点出眼睛和衣服扣子。

5 将饼皮排在铺好烘焙纸的烤盘上，放入预热好的烤箱以150℃烤10分钟，熄火后再利用烤箱余温焖10分钟。

6 取出饼干凉凉，可用糖霜装饰表面，画出眼睛、嘴巴等，这样姜饼小人会更好看。待干后装入密封罐即可。

小提示：

TIP

糖霜的制作和使用方法：在碗里放入2汤匙糖粉，加入10毫升凉开水调匀，装入小三角形挤花袋，尖端剪开直径约2毫米的小口，边挤边画。

包装范例:

用丝带、透明食品袋、小贴纸、点心盒，把小人包装得美美的，让宝宝送给他的好朋友吧。

爱德华星星饼

可爱的星星造型，香甜的蛋白脆面，一口咬下去有肉桂的香气，这是一款充满圣诞气氛的小饼干。

可以讲给宝贝听的甜点小历史/小知识：

法国东北部的阿尔萨斯地区非常重视圣诞节，那里的人们也非常喜欢糕点。每逢圣诞之际，阿尔萨斯的市集上就会摆满添加了香辛料和杏仁制作而成，并可以充当圣诞装饰物的饼干。爱德华星星饼干就是其中被称为Bredele饼干的一种。

主要工具

- 分蛋器
- 搅拌盆
- 电动打蛋器
- 面粉筛
- 星星形状饼干模
- 毛刷
- 擀面杖
- 保鲜袋
- 烘焙纸

材料

- 蛋白20克
- 细砂糖40克
- 杏仁粉100克
- 肉桂粉1/4茶匙

分工：

妈妈

步骤（做1～4、7）

宝宝

步骤（准1～2，做5～6）

准备工作：

1 用分蛋器分好适量的蛋白。

2 将杏仁粉和肉桂粉混合。

做法：

1 将蛋白倒入搅拌盆中，一边加入细砂糖，一边用电动打蛋器打至干性发泡（有尖角的硬挺蛋白霜）。

2 舀出一大勺蛋白霜单独存放，稍后涂抹饼干表面做成蛋白脆面。

3将混合好的杏仁粉和肉桂粉筛入大盆的蛋白霜内，用橡皮刀搅拌，再整形成面团。

4将面团放入保鲜袋，用擀面杖擀成3毫米厚的面皮，放入冰箱冷藏2小时。

5预热烤箱至160℃，取出面皮，用星形饼干模压出饼皮。

6将星形饼皮排在铺了烘焙纸的烤盘上，刷上之前预留的蛋白霜。

7 放入160℃的烤箱烘烤20分钟，取出凉凉即可。

包装范例：

星星饼可以用来装饰圣诞树或姜饼屋哦，排在可爱的小盒子里也是不错的节日礼物。

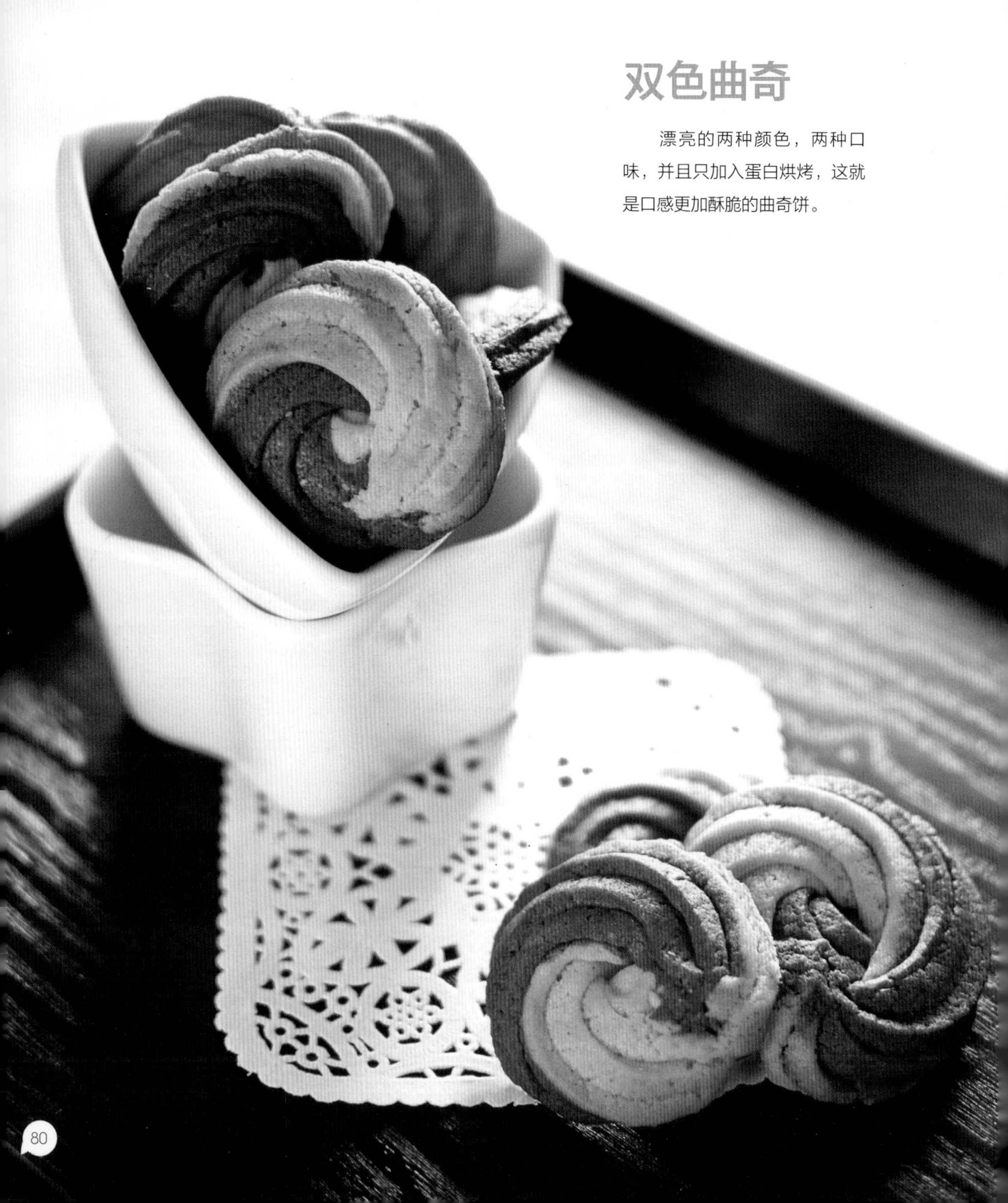

双色曲奇

漂亮的两种颜色，两种口味，并且只加入蛋白烘烤，这就是口感更加酥脆的曲奇饼。

主要工具

- 搅拌盆
- 电动打蛋器
- 橡皮刮刀
- 裱花袋
- 菊花形花嘴
- 烘焙纸
- 烤盘

材料

- 牛油70克
- 糖粉50克
- 蛋白1个
- 牛奶15毫升
- 低筋面粉100克
- 泡打粉1/2茶匙
- 可可粉1.5茶匙

分工：

妈妈

步骤（准1、4~5，做1~5、7）

宝宝

步骤（准2~3，做6）

准备工作：

1 提前取出牛油放室温软化。

2 面粉和泡打粉混合过筛。

3 将蛋白打散。

4 装好裱花袋与菊花花嘴。

5 烤箱预热至170℃。

做法：

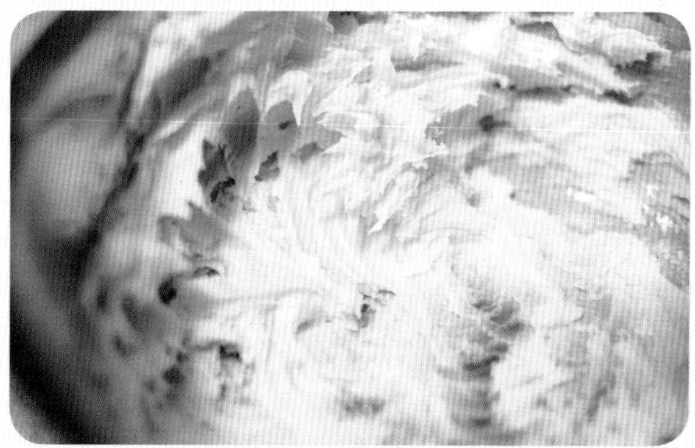

1 将糖粉加至软化的牛油中，用电动打蛋器搅打成糊状。

2 分次加入蛋白，继续快速打发，再加入牛奶，打发成均匀的糊状。

3 加入混合过的粉类，用橡皮刮刀翻拌成均匀的面糊。

4 取一半面糊加入可可粉，拌匀。

5 在裱花袋内填入两种颜色的面糊。

6 在铺了烘焙纸的烤盘上挤出直径约2.5厘米的螺旋形花纹。

7 放入预热好的烤箱，以170℃烘烤20分钟，熄火后继续用余温烘5分钟。

小提示：

TIP 1

制作曲奇时最好不要用砂糖代替糖粉。因为砂糖在受热过程中会使面糊产生一定的延展性，挤出的饼干花纹在烤制过程中会因为面糊的膨胀和延展而变浅甚至消失。

TIP 2

将两种颜色的面糊同时舀入裱花袋内，挤出时可呈现清晰的双色花纹。

TIP 3

在烤盘上挤好饼干后，连烤盘一起放入冰箱冷藏15分钟后再烘烤，烤出来的曲奇花纹会更加清晰。

牛油果酱饼干

小朋友们都会喜爱的果酱饼干，口味可以随心更换，草莓酱、蓝莓酱、杏桃酱……造型同样可以多变，没有宝贝会拒绝这美味的诱惑。

主要工具

- 搅拌盆
- 搅拌器
- 面粉筛
- 保鲜膜
- 擀面杖
- 饼干模
- 小勺
- 烘焙纸

材料

- 牛油100克
- 糖粉50克
- 蛋黄1个
- 低筋面粉150克
- 香草油少许
- 果酱适量

分工：

妈妈

步骤（准1、做1～4、8）

宝宝

步骤（准2，做5～7）

准备工作：

1 提前取出牛油放室温软化。

2 面粉过筛。

做法：

1 将软化后的牛油用搅拌器打软，加入糖粉打匀。

2 加入蛋黄和香草油，继续拌匀。

3 加入过筛的低筋面粉拌匀，揉成面团。

4 用保鲜膜包好面团，放入冰箱冷藏15分钟。

5 取出面团，用擀面杖擀成5毫米厚的面片，同时预热烤箱至180℃。

6 用饼干模压出饼皮，排在铺了烘焙纸的烤盘上。

7 每个饼皮中心用手指按压出小坑，填上果酱。

8 放入预热好的烤箱，以180℃烤10分钟，观察到饼干微微上色后关闭烤箱开关，用余温再焖5分钟即成。

小提示：

TIP

不要将牛油过度打发，只需和糖粉拌匀即可，以免面团在烘烤时变形。

包装范例：

将果酱饼干排列在长形的玻璃袋中，扎上丝带就很漂亮。还可以发挥创意，让它们排好队站在一起。送给朋友，他们一定会开心吧！

宝贝最喜爱的蛋糕

肉松蛋糕卷

松软细腻的蛋糕卷，夹上小朋友们都爱吃的海苔肉松，带去野餐最好不过啦！

主要工具

- 面粉筛
- 搅拌器
- 搅拌盆
- 分蛋器
- 电动打蛋器
- 保鲜膜
- 橡皮刮刀
- 烘焙纸
- 牙签
- 烤盘
- 蛋糕刀

材料

- 鸡蛋4个
- 蜂蜜30克
- 细砂糖80克
- 牛油15克
- 牛奶33克
- 低筋面粉70克
- 海苔肉松30克
- 香甜味沙拉酱30克

分工：

步骤（准3～4，做1～2、5～9、12）

步骤（准1～2，做3～4、10～11）

准备工作：

1 将鸡蛋的蛋白蛋黄分离。

2 面粉过筛。

3 在烤盘里铺好烘焙纸。

4 烤箱预热至180℃。

做法：

1 在蛋黄中加入蜂蜜和15克细砂糖，边隔水加热至40℃边打发至微微发白。

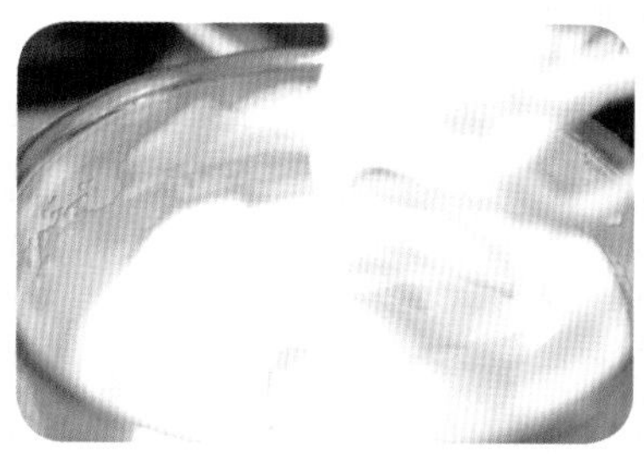

2 蛋白放入干爽洁净的搅拌盆内，一边分3次加入剩下的65克细砂糖，一边打发至湿性发泡状态。

3 将一半的蛋白霜加入蛋黄糊中，轻轻翻拌均匀。

4 加入筛过的面粉，用橡皮刮刀略翻拌均匀，再加入剩下的蛋白霜拌匀。

5 将牛奶和牛油放入碗中，隔水加热至融化。

6 分次倒入面糊中，快速翻拌均匀。

7 将面糊倒进烤盘，刮平表面。

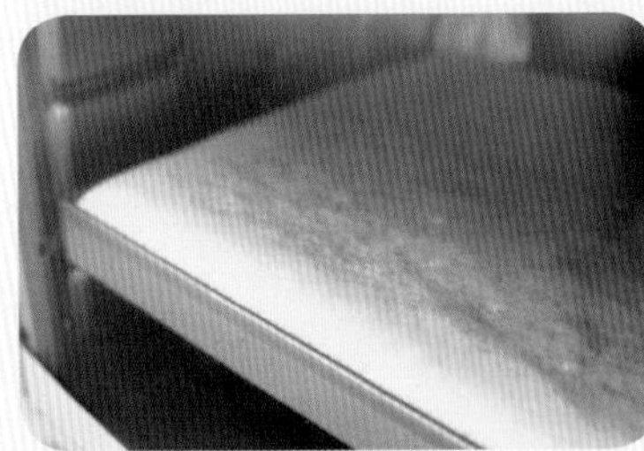

8 把烤盘放进预热好的烤箱中层，用175℃烤15分钟，观察蛋糕表面呈金黄色时，用牙签斜插一下，拔出如果没有黏出湿性面糊即可。

9 取出蛋糕，倒扣在一张新的烘焙纸上，撕掉底部的纸，凉凉。

10 将蛋糕片涂上薄薄一层沙拉酱。

11 在上面均匀撒上一层肉松。

12 顺着烘焙纸慢慢卷起来，包好，放进冰箱冷藏30分钟定型后再取出切片。

小提示：

TIP 1

蛋白霜的打发技巧和程度请参见第9页。

TIP 2

翻拌蛋黄面糊和蛋白霜时用橡皮刮刀从底部向上捞起面糊，然后转动搅拌盆，从另一方向继续翻捞；也可以将双手洗干净，张开手指轻轻从底部向上捞匀面糊，这样可以最大程度避免拌和导致的蛋白消泡，烘烤出的蛋糕更松软细腻。

红糖香蕉麦芬

用红糖代替白糖，和香蕉一起搭配味道非常完美，会略带焦糖的香气。一边烤，香蕉的香味一边就会散发出来。趁热吃非常香甜松软，在上面挤上新鲜奶油，同时记得用熟透的香蕉会更美味哦！

可以讲给宝贝听的甜点小历史/小知识：

麦芬又称为玛芬，英文名为Muffin，因为通常使用纸杯烘烤，也被称为杯子蛋糕。传统制作麦芬的方法是将干性材料和湿性材料分别混合，然后再搅拌在一起立即烘烤；另一种方法被称为“乳化法”，先打发牛油，然后分次加入鸡蛋打发与黄油乳化，再拌入其他材料烘烤。这个红糖香蕉麦芬，我们使用传统方法制作，后面介绍的苹果杯子蛋糕我们用乳化法来做。

主要工具

- 蛋糕纸杯
- 麦芬蛋糕模
- 小刀
- 叉子
- 面粉筛
- 汤匙
- 搅拌盆
- 搅拌器
- 橡皮刮刀

材料

- 低筋面粉100克
- 香蕉2根
- 烤杏仁条适量
- 红糖50克
- 泡打粉1/2茶匙
- 小苏打1/8茶匙
- 牛奶50毫升
- 牛油60克
- 鸡蛋1个

分工：

妈妈

步骤（准1、4，做1、3、4、6）

宝宝

步骤（准2~3，做2、5）

准备工作：

1 将牛油切成小块儿，隔水加热至融化。

2 低筋面粉、泡打粉、小苏打混合过筛。

3 香蕉去皮，用叉子碾成泥。

4 烤箱预热至180℃。

做法：

1 将融化的牛油加入鸡蛋、牛奶、红糖，混合均匀。

2 加入香蕉泥拌匀。

3 加入过筛的粉类混合均匀。

4 将面糊舀入纸杯或蛋糕模，装7分满。

5 面糊上撒上杏仁条。

6 烤箱预热180℃放中层烤25分钟，吃的时候可以根据需要挤上鲜奶油。

小提示：

TIP 1

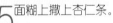

加粉类的时候力度要轻，将粉类拌湿润即可。即使还有颗粒状也没关系，否则过久蛋糕起筋，口感就不好了。

TIP 2

拌好的面糊要马上放入烤箱烘烤，否则会影响麦芬的膨发。

苹果杯子蛋糕

这款用乳化法做的杯子蛋糕，口感更细腻松软，烘烤后的苹果有特殊的香甜气味，搭配牛奶是很不错的早餐选择。

主要工具

- 搅拌盆
- 搅拌器
- 电动打蛋器
- 橡皮刮刀
- 小刀
- 面粉筛
- 蛋糕纸杯

材料

- 牛油60克
- 细砂糖60克
- 鸡蛋1个
- 牛奶50毫升
- 低筋面粉100克
- 泡打粉1/2茶匙
- 苹果50克

分工：

妈妈 步骤（准1～2、5，做1～4、6）

宝宝 步骤（准3～4，做5）

准备工作：

1 提前取出牛油放置室温软化。

2 苹果洗净去皮去核切成小丁。

3 低筋面粉和泡打粉混合过筛。

4 鸡蛋在碗中打散。

5 烤箱预热至180℃。

做法：

1 将软化后的牛油分次加入细砂糖，用电动打蛋器中速打发至颜色发白，且体积稍膨大。

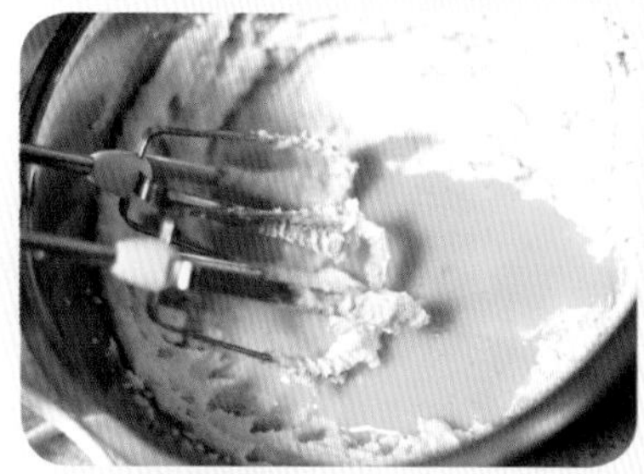

2 分3～4次加入打散的鸡蛋液，用电动打蛋器低速搅拌完全融合。

3 加入牛奶和粉类，用橡皮刮刀翻拌均匀。

4 加入苹果丁，继续翻拌均匀。

5 舀入蛋糕纸杯中，装7分满。

6 放入预热好的烤箱中层，以180℃烤30分钟。

小提示：

TIP 1

鸡蛋液一定要分次加入，每次加入都要与牛油充分融合后才能继续加入，如果一次加入所有的蛋液，会导致油蛋分离。

TIP 2

翻拌面糊的时候注意从底部向上捞起，不要划圈，以免出筋。

玛德琳蛋糕

贝壳形状的全蛋小蛋糕，带着淡淡的柠檬和奶油香味，是小朋友放学后的好点心。

可以讲给宝贝听的甜点小历史小知识：

传说18世纪时，在曾经是波兰王的史丹尼斯拉斯·雷克钦斯基公爵举办的一次宴会中，由于糕点师傅和主厨起了争执而赌气出走，着急的公爵命令女仆玛德琳（Madeleine）无论如何做出一款糕点，女仆最后做的这个点心让宾客们大为赞赏，公爵于是以女仆的名字将这个点心命名为玛德琳蛋糕。

主要工具

- 贝壳形状蛋糕模
- 搅拌器
- 橡皮刮刀
- 保鲜膜
- 裱花袋
- 面粉筛
- 搅拌盆
- 奶锅

材料

- 鸡蛋2个
- 细砂糖50克
- 蜂蜜20毫升
- 低筋面粉90克
- 泡打粉1/2茶匙
- 柠檬皮适量
- 牛油100克

分工：

妈妈 步骤（准2，做1、3、4、6）

宝宝 步骤（准1、3，做2、5）

准备工作：

1 称量好材料。

2 将柠檬皮磨碎。

3 低筋面粉和泡打粉混合，过筛两次。

做法：

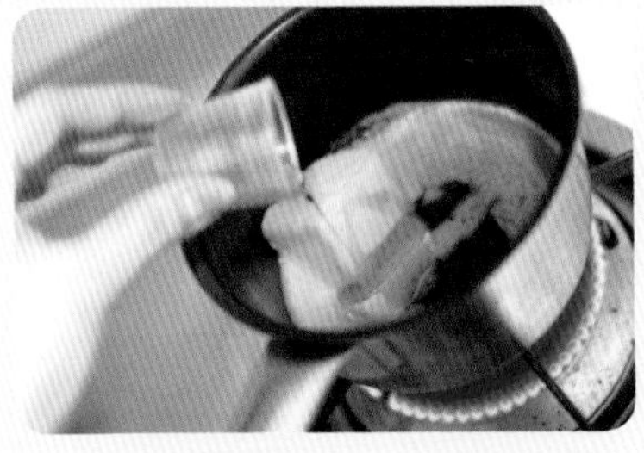

1 将牛油和蜂蜜放入奶锅中，用中火加热，煮至牛油完全融化并沸腾，放至旁边降温。

2 将鸡蛋放入搅拌盆中打散，依次加入细砂糖和柠檬皮搅拌均匀。

3 加入过筛后的粉类，快速轻柔地搅拌均匀。

4 再加入融化好的牛油和蜂蜜，拌匀成面糊，蒙上保鲜膜，在冰箱放置过夜。

5 取出面糊，装入裱花袋，挤入蛋糕模型内至8分满。

6 烤箱预热170℃，放入蛋糕模，烘烤15分钟后取出，趁热脱模凉凉。

小提示：

TIP 1

拌和粉类的时候，切忌过度搅拌，轻轻拌和至粉类消失即可，以免破坏面糊质地影响口感。

TIP 2

将面糊放入冰箱过夜的过程称为“熟化”，可以使面粉中的谷物蛋白产生筋性，面糊更为融合熟成，烘烤出来的蛋糕更柔软蓬松。

TIP 3

如果使用的是阳极或铸铁蛋糕模，在挤入蛋糕之前先在模具内刷上一层薄薄的牛油，再撒上薄薄的一层高筋面粉，这样蛋糕烤好后非常容易脱模。

包装范例：

将喜欢的糕点垫纸裁剪成合适的大小，使用双面胶粘贴成独立包装的小袋，单独装好玛德琳蛋糕，再扎上封口条即可。

3

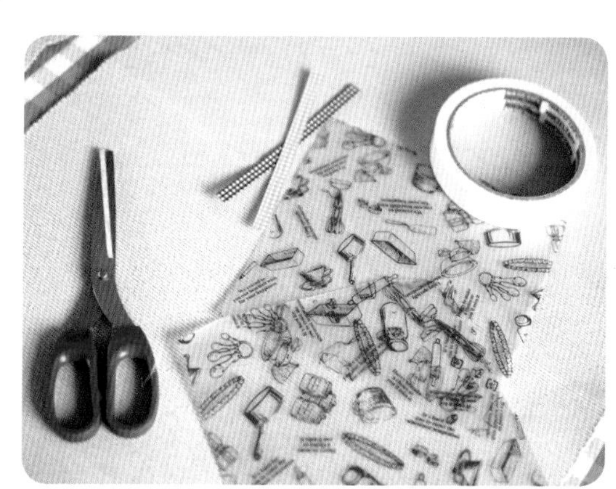

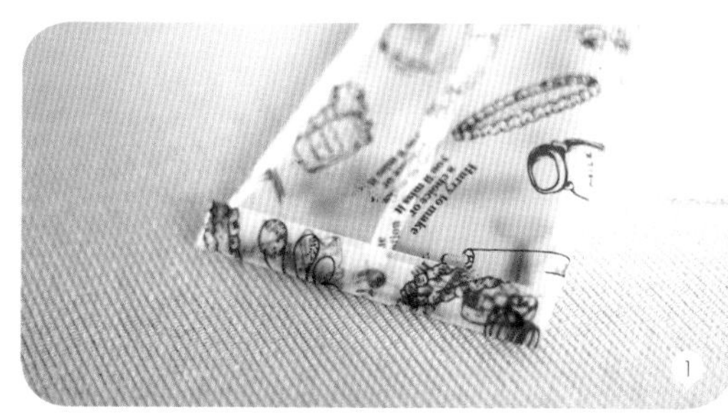

1

2

草莓戚风蛋糕

戚风蛋糕是最常见也是最受欢迎的聚会蛋糕之一，戚风柔软细腻的口感，配上鲜奶油和新鲜草莓的香甜，无论是节日还是生日，都是小朋友心目中的完美蛋糕。

准备工具

- 戚风蛋糕模
- 电动打蛋器
- 分蛋器
- 搅拌盆
- 搅拌器
- 橡皮刮刀
- 面粉筛
- 竹签
- 小刀

材料

戚风蛋糕体

- 蛋黄20克
- 细砂糖A 25克
- 色拉油20毫升
- 牛奶40毫升
- 低筋面粉40克
- 蛋白100克
- 细砂糖B 15克

饰面

- 鲜奶油200毫升
- 细砂糖20克
- 草莓30颗

分工：

妈妈

步骤（准4，做1、3～6、8～12）

宝宝

步骤（准1～3，做2、7、13～14）

准备工作：

1 称量好材料。

2 面粉过筛两次。

3 将蛋黄蛋白分离。

4 烤箱预热175℃。

做法：

1 蛋黄放入搅拌盆，一边分3次加入细砂糖A，一边用打蛋器打至发白且略黏稠。

2 将色拉油加入蛋黄糊，慢慢搅拌融合均匀，再加入牛奶搅匀。

3 将过筛好的面粉加入蛋黄糊中，搅拌至无粉末颗粒。

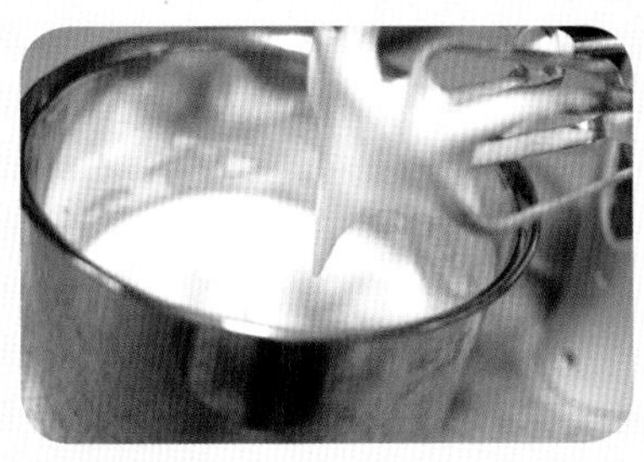

4 将蛋白装入另一干净搅拌盆，分3次加入细砂糖B，并用打蛋器打至尖端微微下垂的湿性发泡状态（6分发）。

5 分3次将蛋白霜加入步骤3的蛋黄面糊内，快速搅拌均匀。

6 拌好的面糊倒入模内，用手扣住模子在桌上轻轻敲两下去除气泡。

7 用橡皮刮刀将面糊往模子边缘涂抹，有利于烘烤时膨胀得更漂亮。

8 放入预热好的烤箱，调到170℃烤30分钟，以用竹签插入蛋糕中心，拔出看是否有面糊黏在竹签上为标准，如果没有说明已经烤好。

9 出炉后立刻连模倒扣放凉，直到凉透。如果可以放一个晚上，第二天的口感会更湿润更有弹性。

10 用小刀沿着模子边缘小心转一圈，顶出底盘，脱模。

11 将蛋糕横切成两半。

12 鲜奶油倒入干净的搅拌盆内，隔冰水，一边加入20克的细砂糖，一边打发成7分发（提起打蛋器会很缓慢地滴落）。

13 在下半部蛋糕上抹一层打发的鲜奶油，排上草莓，中间再淋上奶油。

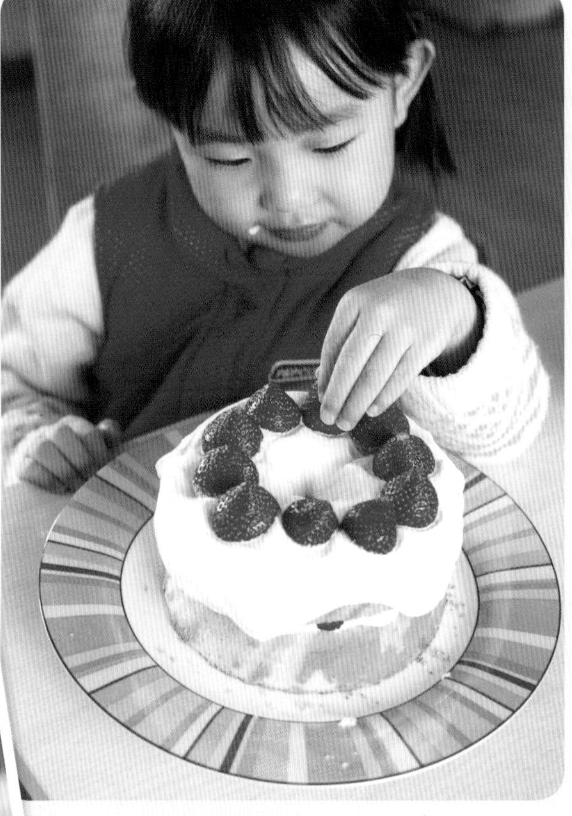

14 盖上上半部分蛋糕，淋上鲜奶油，再放上草莓装饰。

小提示：

TIP 1

翻拌蛋黄面糊时（步骤3）动作要迅速且轻柔，以免面糊出筋。

TIP 2

蛋白的打发技巧和程度请见第9页，其中湿性发泡是关键，切忌打发过度，否则戚风的口感就会因过干而不够湿润绵细。

巧克力布朗尼

这道在美国很受欢迎的家庭甜点，口感介于曲奇和蛋糕之间，兼备了后者的酥软内芯和前者的焦脆外表。刚出炉的时候，房间里会弥漫着浓浓的巧克力香味。这个蛋糕可以趁热吃，表皮稍脆，核桃喷香，下面的蛋糕稍有些绵软，有点儿像在吃巧克力。也可以配上一个香草冰激凌雪球，一起吃的感觉会非常甜蜜幸福。

可以讲给宝贝听的甜点小历史/小知识：

据说巧克力布朗尼是一个胖胖的黑人嬷嬷在厨房里想烤制松软可口的巧克力蛋糕时，因为忘了事先将奶油打发而意外做出的失败作品。老嬷嬷一尝这块儿原本要丢掉的蛋糕，发现它居然十分美味，于是布朗尼蛋糕这个“可爱的错误做法”就流传了下来，渐渐成为美国家庭最具有代表性的蛋糕之一。

主要工具

- 方形烤盘
- 不锈钢搅拌盆
- 橡皮刮刀
- 面粉筛
- 搅拌器
- 小刀
- 烘焙纸

材料

- 巧克力120克
- 牛油90克
- 鸡蛋2个
- 核桃仁30克
- 低筋面粉75克
- 泡打粉1/2茶匙
- 红糖60克
- 百利甜酒10毫升
- 牛奶30毫升

分工：

妈妈 步骤（准1、4，做1～2、5、7～8）

宝宝 步骤（准2～3，做3～4、6）

准备工作：

1 核桃仁切成碎粒。

2 将低筋面粉和泡打粉混合过筛。

3 鸡蛋打散。

4 烤箱预热至180℃。

做法：

1 将巧克力和牛油切成小块，放入不锈钢盆中，以50℃的热水隔水加热至融化，熄火。

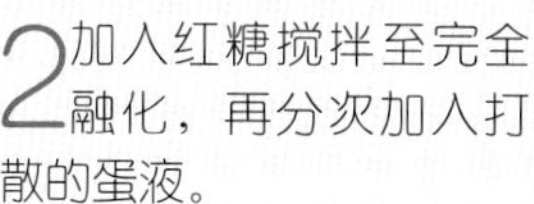

2 加入红糖搅拌至完全融化，再分次加入打散的蛋液。

3 将筛好的粉类加入，搅拌均匀。

4 分次加入百利甜酒和牛奶混合拌匀。

5 将面糊倒进铺好烘焙纸的方形烤盘，抹平表面，除去大的气泡。

6 将切碎的核桃仁均匀撒在蛋糕面糊上。

7 放人预热好的烤箱中层，以180℃烤15分钟。

8 插入竹签，如果没有湿性材料黏在上面即烤好，取出，揭去烘焙纸，稍凉后切块。

日式轻乳酪蛋糕

清爽绵密的口感，清淡却始终带着淡淡的芝士香味，这是我们家最常做的蛋糕，无论老人还是孩子都爱吃！

主要工具

- 面粉筛
- 搅拌器
- 分蛋器
- 橡皮刮刀
- 搅拌盆
- 电动打蛋器
- 烤盘

材料

- 忌廉芝士100克
- 牛奶50克
- 低筋面粉20克
- 玉米淀粉10克
- 牛油30克
- 鸡蛋2个
- 细砂糖50克

分工：

妈妈

步骤（准3，做1、4～7）

宝宝

步骤（准1～2，做2～3）

准备工作：

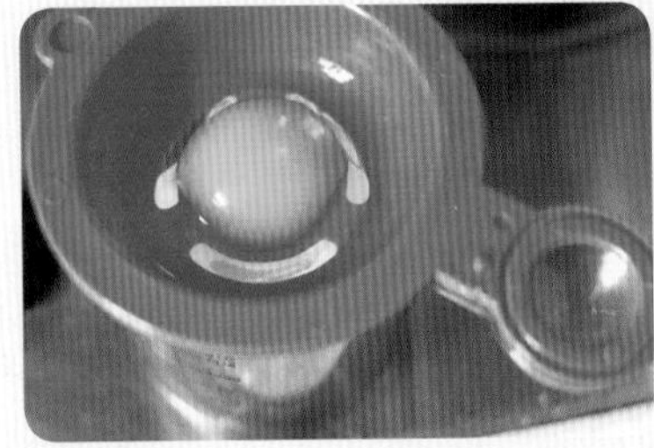

1 用分蛋器将蛋黄蛋白分离。

2 低筋面粉和玉米淀粉混合过筛。

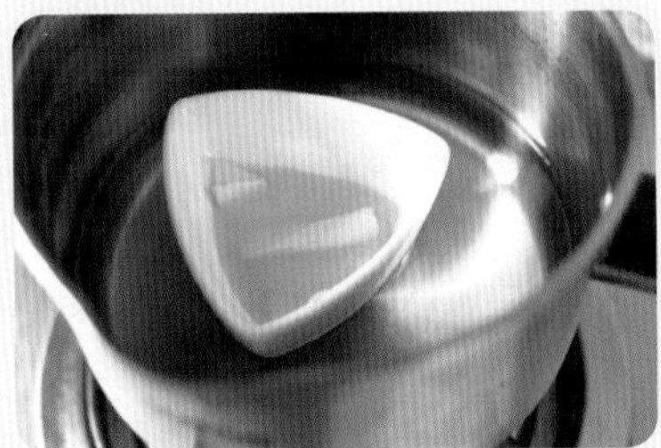

3 牛油隔水加热或用微波炉高火加热30秒至融化。

做法：

1 将牛奶加入忌廉芝士，隔水慢慢加热融化，搅拌成光滑的芝士糊。

2 加入融化的牛油搅匀，再分次加入蛋黄，迅速搅拌均匀。

3 加入筛过的粉类，用橡皮刮刀翻拌均匀成蛋黄芝士面糊，放入冰箱冷藏。

4 蛋白分3次加入细砂糖，在搅拌盆内用电动打蛋器以中速打成湿性发泡的蛋白霜。

5 取出蛋黄芝士面糊，用橡皮刮刀将1/3的蛋白霜拌入，拌匀后再倒入剩下的蛋白霜中，使用切拌的方式，迅速将蛋白与面糊拌匀。

6 烤箱预热至160℃，将蛋糕糊倒入模中，轻轻在桌上磕两下，震出大的气泡，放入烤盘，在烤盘上注入1厘米高的热水。

7 烤盘放入烤箱，以160℃烘烤60分钟；取出后过2分钟，蛋糕会和模边稍分离，这时小心脱模即可。另外，这款蛋糕冷藏后会更好吃。

小提示：

TIP 1

刚拌好的蛋黄芝士面糊比较稀，如果立即与蛋白霜混合，芝士糊容易下沉，造成分层。将拌好的蛋黄芝士面糊略微冷藏就会变得浓稠一点儿，再与蛋白霜混合就比较容易拌匀。

TIP 2

蛋白霜的打发技巧及程度请参见第9页。制作日式轻乳酪蛋糕使用的蛋白霜一定不能打发过度，如果打至干性发泡，蛋白过轻，烘烤时一是容易导致分层，二是容易导致膨胀过度表面开裂。

TIP 3

拌和面糊是制作轻乳酪蛋糕的关键，可以像做蛋糕卷一样，洗净手，张开五指向上轻轻捞匀面糊，不能用力划圈搅拌，这样容易导致蛋白消泡，使蛋糕无法膨发或烘烤后回缩严重。

TIP 4

在烤至30分钟之后，往烤盘内加一小杯冷水，略微降低烤箱内的温度和增加湿度，并且蛋糕表面不容易开裂和干硬。

乳酪舒芙蕾蛋糕

这款加入了忌廉芝士的蛋糕，不使用任何粉类，只用鸡蛋和鲜奶油制作，兼具了重乳酪蛋糕的香浓味道与轻乳酪蛋糕的轻盈口感，就像吃舒芙蕾一样，质地蓬松轻软。

可以讲给宝贝听的甜点小历史/小知识：

舒芙蕾：Souffle，据说在中世纪就出现的法国甜品，主要材料包括蛋黄和打发的蛋白，经烘焙后质地轻柔且蓬松，入口即化。

主要工具

- 搅拌盆
- 小刀
- 搅拌器
- 电动打蛋器
- 橡皮刮刀
- 蛋糕模
- 烤盘

材料

蛋糕

- 忌廉芝士250克
- 细砂糖90克
- 鸡蛋3个
- 盐少许
- 鲜奶油40毫升
- 香草油少许

涂抹模具

- 牛油少许
- 砂糖少许

装饰

- 打发的鲜奶油
- 草莓适量

分工：

妈妈　步骤（准3～4，做1、3～7）

宝宝　步骤（准1～2，做2、8）

准备工作：

1 忌廉芝士放至室温软化。

2 将鸡蛋的蛋黄蛋白分离。

3 在蛋糕模内刷上少许融化的牛油，倒上细砂糖抖匀，再将多余的糖倒出。

4 烤箱预热至165℃。

做法：

1 将放软的忌廉芝士切成小块，加入一半量的细砂糖（45克），用搅拌器搅拌成有光泽的芝士糊。

2 将蛋黄分次加入芝士糊中搅拌均匀，再加入盐和香草油搅匀。

3 蛋白放入干爽洁净的搅拌盆内，一边分次加入剩下的45克细砂糖，一边用电动打蛋器打成7分的湿性发泡状态。

4 分次将蛋白霜拌入蛋黄芝士糊中，用橡皮刮刀翻捞拌匀。

5 将鲜奶油用电动打蛋器打发，加入芝士糊中拌匀。

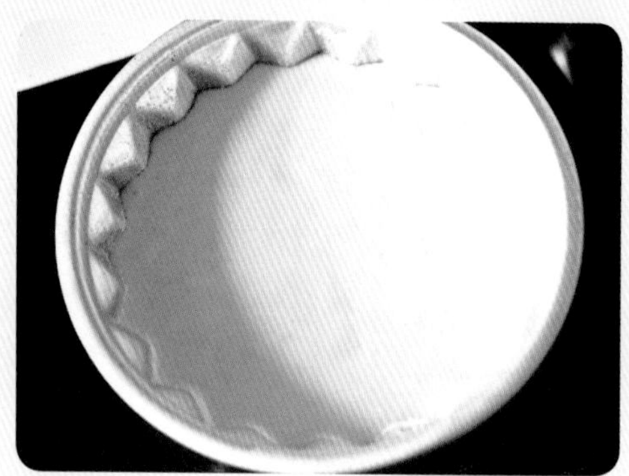

6 将面糊倒入蛋糕模内，放入烤盘中。

7 在烤盘内注入一半满的热水，放入预热好的烤箱，以165℃蒸烤40分钟。

8 出炉2分钟后，将烤好的蛋糕脱模，挤上打发的鲜奶油，放上草莓装饰。

小提示：

TIP

蛋白霜的打发技巧见第9页。

黄桃芝士蛋糕

看起来很豪华的派对蛋糕，虽然制作过程有点儿复杂，难度却并不大。使用了比较清淡和低脂的茅屋芝士，如果喜欢比较浓郁口味的，也可以用忌廉芝士代替。整个蛋糕的口味很温和，口感也比较细腻，配上甜美可口的黄桃，味道非常完美。其实饰面的水果也可以随心搭配，喜欢吃什么水果就装饰在蛋糕表面。闲暇的周末，和宝贝一起来制作这个蛋糕吧，端出来的时候，一定会很有成就感。

主要工具

- 擀面杖
- 保鲜袋
- 滤网
- 搅拌盆
- 橡皮刮刀
- 汤匙
- 搅拌器
- 烤盘
- 活底蛋糕模

材料

（分量为6寸圆形蛋糕）

饼底
- 奥利奥饼干（去掉夹心）半条
- 牛油 20克

蛋糕
- Cottage Cheese（茅屋芝士）200克
- 鲜奶油250毫升
- 鸡蛋2个
- 砂糖80克
- 玉米淀粉30克

围边&饰面
- 手指饼干
- 黄桃罐头
- 新鲜黑莓（也可以用葡萄、蓝莓等代替）

分工：

妈妈 步骤（准1～4，做2～3、6）

宝宝 步骤（做1、4～5、7）

准备工作：

1 将牛油放入微波炉，高火加热30秒（或放入奶锅隔水加热）至融化。

2 烤箱预热至150℃。

3 手指饼干对半切开，黄桃切成三角形的小块，黑莓洗净。

4 将鸡蛋搅散。

做法：

1 将奥利奥饼干放入保鲜袋，用擀面杖碾碎。

2 加入融化的牛油拌匀，然后铺在模子底部，放入冰箱冷藏15分钟。

3 茅屋芝士舀到滤网上，用汤匙背面碾压过筛，再用搅拌器搅拌均匀。

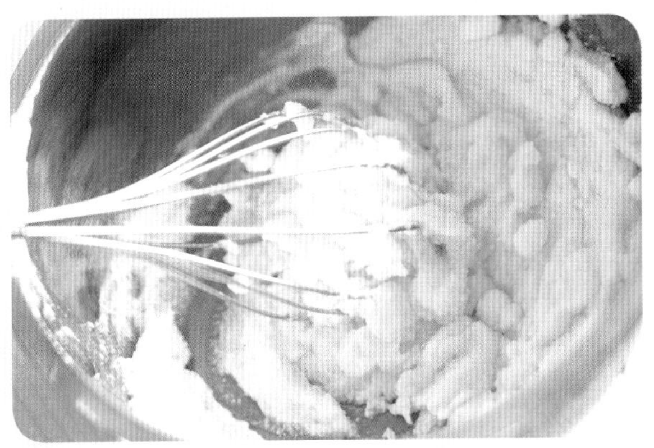

4 加入砂糖拌至软滑。

5 再依次加入打散的鸡蛋、鲜奶油和玉米淀粉，搅拌均匀。

6 倒入蛋糕模中，再放在注上热水（1厘米高）的烤盘上，放入预热至150℃的烤箱隔水烤1小时；取出放凉后放入冰箱冷藏过夜，第二天取出脱模。

7 围上手指饼，面上铺上黄桃，再撒上黑莓装饰。

小提示：

TIP

茅屋芝士里面是一粒一粒的，做蛋糕的话需要将它过筛，否则难以搅拌均匀。将茅屋芝士倒在滤网上，下面放个碗，用汤匙背面在上面挤压碾磨。只需花一点点时间和耐心，可以滤得很细。

柚子蜜慕斯蛋糕

许多妈妈和宝宝喜欢柚子蜜的清香和酸酸甜甜的味道，其实柚子蜜不仅可以用来做饮品，做成慕斯蛋糕也非常好吃，清爽的口感，吃起来完全不会觉得腻！

可以讲给宝贝听的甜点小历史/小知识：

慕斯：Mousse，在法语里的意思是泡沫的意思，因为使用了打发的鲜奶油，入口的感觉就像泡沫一样绵密。

主要工具

- 蛋糕模
- 烘焙纸
- 面粉筛
- 搅拌器
- 电动打蛋器
- 搅拌盆
- 橡皮刮刀
- 奶锅

材料

（8寸方形蛋糕模）

海绵蛋糕

- 鸡蛋3个
- 细砂糖80克
- 低筋面粉60克
- 牛奶20毫升
- 香草油少许

柚子蜜慕斯

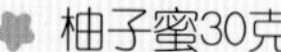

- 柚子蜜30克
- 水30毫升
- 鲜奶油300毫升
- 细砂糖50克
- 鱼胶粉10克
- 凉开水100毫升
- 罐头黄桃适量

饰面

- 罐头黄桃100克
- 鱼胶粉3克
- 凉开水20毫升

分工：

妈妈：步骤（准3～5，做1～10、13～14）

宝宝：步骤（准1～2，做11～12、15～16）

准备工作：

1 面粉过筛两遍。
2 在模具内垫上烘焙纸，记得在模具内部的四周也要围上。
3 鱼胶粉用凉开水化开。
4 将罐头黄桃切丁。
5 烤箱预热至170℃。

做法：

烤蛋糕片

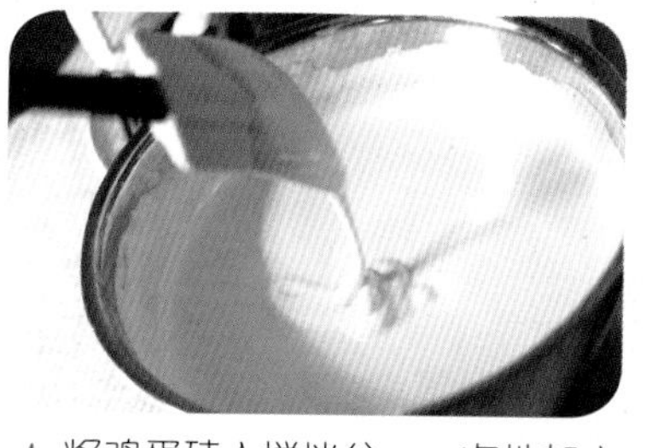

1 将鸡蛋磕入搅拌盆，一次性加入细砂糖和香草油，用电动打蛋器打至发白、体积膨大、舀起滴落有纹路且不容易消失的状态。

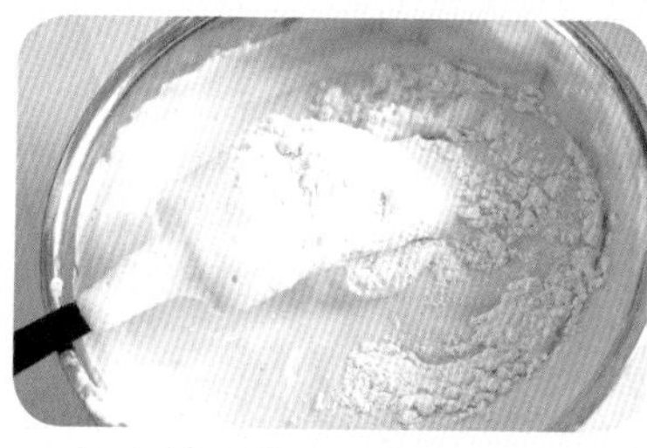

2 加入筛过的低筋面粉，用橡皮刮刀轻轻翻拌均匀。

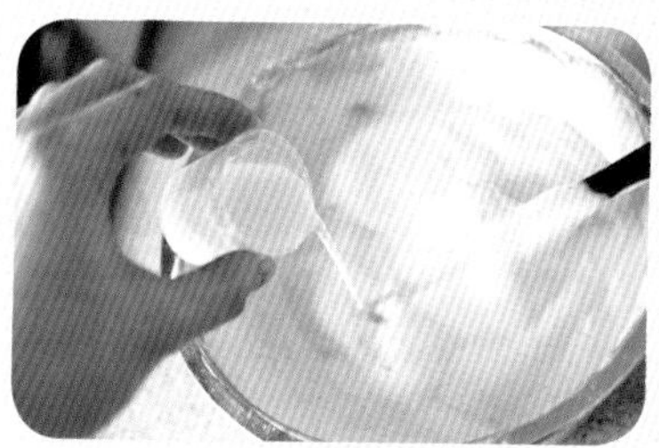

3 加入牛奶，继续和面糊一起拌匀。

4 轻轻将面糊倒入蛋糕模中，磕去大气泡，放入预热好的烤箱，以170℃烘烤30分钟。

5 用手轻触蛋糕表面，有弹性表示已经烤好，从模具中取出倒置在网架上凉凉。

6 撕去烘焙纸，横剖成1厘米厚的蛋糕片，四周切去1厘米宽的边。

小提示：

TIP 1

打发鸡蛋液时，一边隔水加热全蛋液一边用电动搅拌器搅打，会更容易打发，但要注意将温度控制在40℃以下，以免鸡蛋熟化。

TIP 2

翻拌面粉时要从底部向上捞起翻拌，不要划圈搅拌，以免消泡，同时不要搅拌太久导致面糊出筋，影响蛋糕的膨胀和口感。

做慕斯糊

7 将化开的鱼胶粉隔水加热至融化。

8 柚子蜜加水在奶锅中煮热，加入融化的鱼胶粉，离火拌匀。

9 鲜奶油分次加入砂糖，用电动打蛋器打至7分发。

10 将打发的鲜奶油和柚子蜜汁拌匀。

小提示：

TIP

鲜奶油的打发技巧和程度请见第10页。

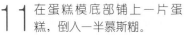

组合蛋糕

11 在蛋糕模底部铺上一片蛋糕，倒入一半慕斯糊。

12 在慕斯糊上铺一层黄桃丁，再放上第二片蛋糕，继续倒入剩下的慕斯糊，抹平放入冰箱冷藏3小时以上。

装饰表面

13 同样将饰面用的鱼胶粉隔水加热融化。

14 将黄桃丁放入搅拌机打成果泥，倒入融化的鱼胶粉拌匀。

15 将黄桃浆淋在慕斯蛋糕表面，继续冷藏30分钟。

16 取出蛋糕，用电吹风加热模边后脱模。

焦糖鸡蛋布丁

香甜滑嫩的布丁总是小朋友们的最爱。只使用蛋黄做的布丁，鸡蛋味道更浓郁，配上香滑的牛奶和带着甜蜜气息的焦糖液，每一口都让人无法拒绝。

可以讲给宝贝听的甜点小历史/小知识：

布丁这个词，来自于英文中的Pudding，但传说最早使用这种蒸烤方法做布丁的并不是英国人，而是法国人，他们给焦糖布丁起的名字是Crème Caramel。传统焦糖布丁的做法，是在模型中放入焦糖，加入蛋奶液，隔水蒸烤后再倒扣在碟中食用。现在使用耐高温玻璃瓶来制作，更容易保存及携带，造型也有了更多选择。

- 漏斗
- 分蛋器
- 搅拌盆
- 布丁瓶
- 奶锅
- 木勺
- 手持打蛋器
- 细筛网

（分量：300ml玻璃布丁瓶6个）

材料

蛋奶布丁液
- 牛奶380毫升
- 细砂糖60克
- 蛋黄4个
- 香草豆荚1/2枝

焦糖液
- 细砂糖70克
- 水20毫升
- 热水30毫升

分工：

步骤（准4，做1～6、8、10～12）

步骤（准1～3，做7、9）

准备工作：

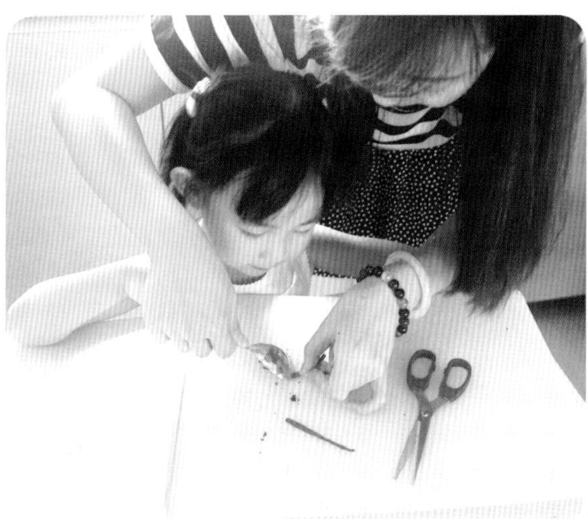

1 用勺子将香草豆荚压平，对半剪开，刮出豆籽。

2 用分蛋器将鸡蛋的蛋黄蛋白分离。

3 烤箱开上下火，预热至150℃。

4 将布丁液需要用到的砂糖分成2等份。

做法：

煮焦糖

1 将70克的细砂糖倒在奶锅内，加入20毫升的水稍加搅拌。

2 中火加热，不时地晃动奶锅，并用木勺搅拌，煮至带有淡淡的咖啡色。

3 立即加入30毫升的热水，迅速用木勺搅拌，然后熄火。

4 趁热将焦糖液舀入布丁瓶中，高约5毫米~7毫米。

5 稍凉后放入冰箱冷藏室使其冷却凝固。

小提示：

TIP

煮焦糖时火不要开太大，当煮到呈金黄至淡咖啡色时，马上加入热水搅拌并熄火，糖液的颜色这时会加深，变成深褐色。如果在火上就将颜色煮得太深，味道就会发苦。

烤布丁

6 将牛奶、1/2的砂糖（30克）和香草豆荚一起放入奶锅中，小火加热至微微沸腾，关火，加盖焖2分钟，然后打开锅盖放至稍凉。

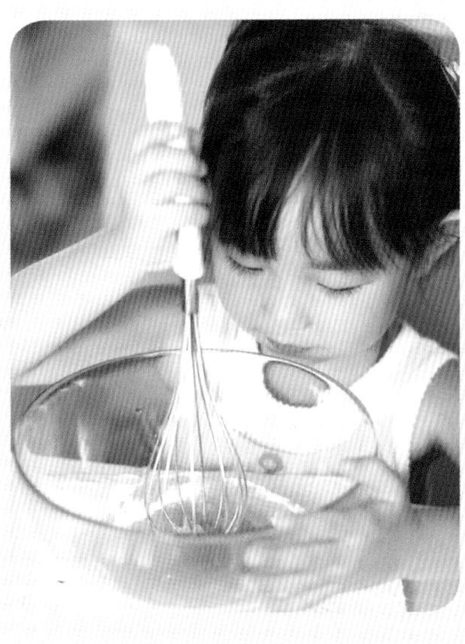

7 将蛋黄和剩下1/2的砂糖放入打蛋盆内，用打蛋器搅拌均匀。

8 将步骤6分3次倒入步骤7中混合均匀。

9 用细筛网过滤布丁液。

10 取出冰箱里的布丁瓶，将布丁液舀入布丁瓶中。

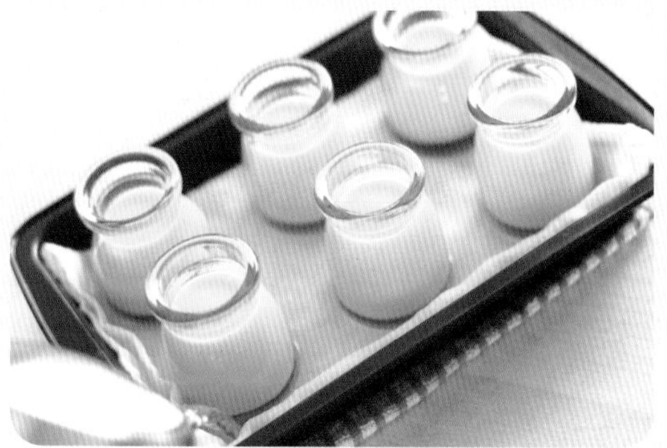

11 烤箱预热160℃，在烤盘里垫上软布，放上布丁瓶，从角上缓缓倒入热水至1/3处。

12 隔水160℃烤30分钟，至表面凝固即成。

小提示：

TIP 1

煮好牛奶后，焖几分钟可以让香草荚的味道完全释放出来，香味会更浓郁。

TIP 2

牛奶煮过之后由于没有完全冷却，如果一次性快速倒入蛋黄液中，容易将蛋黄烫熟结块。分次加入可以缓释牛奶的温度，避免出现蛋黄结块的情况。

TIP 3

倒布丁液的动作要轻缓且匀速，以免出现大的气泡，导致烤出来的布丁出现孔洞。如果倒完有小气泡在液面上，可以用厨房纸巾捻成小条轻轻挑去。

TIP 4

烤布丁的过程中要随时留意布丁的状态，如果液面下出现大颗粒气泡，表明烤箱温度过高，烤出来会影响口感。当布丁表面凝固，稍有弹性即烤好。

包装范例：

裁成正方形的包装纸，丝带，贴纸。

要把布丁当做礼物带给好朋友，可以参考下面的简单包装哦！

1

2

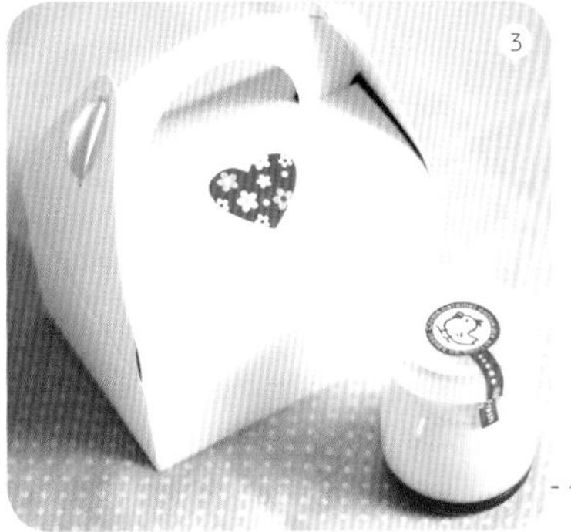

3

奶油小泡芙

外脆内软的小泡芙，搭配鲜奶油和新鲜水果，是下午茶的好选择。

可以讲给宝贝听的甜点小历史/小知识：

相传泡芙是在16世纪由意大利传入法国，由当时嫁给亨利2世的凯瑟琳·德·梅第奇的随身糕点师波普里尼所发明。当时的做法是将面粉、牛奶、奶油混合，放在烤盘上烘烤产生裂口，趁热在裂口中涂抹融化的奶油，撒上砂糖，再以玫瑰露增加香气而成的一道甜点。发展到今天，泡芙已经有了各式各样的花式，口味也更加丰富。

工具

- 奶锅
- 搅拌盆
- 搅拌器
- 面粉筛
- 木勺
- 裱花袋
- 直径1厘米的圆形花嘴
- 电动打蛋器
- 烘焙纸
- 喷壶

泡芙

- 牛油80克
- 低筋面粉100克
- 鸡蛋4个
- 水200毫升

奶油馅

- 鲜奶油250毫升
- 细砂糖60克
- 草莓适量

装饰

- 糖粉适量

分工：

步骤（准1、4，做1～3、5～7）

步骤（准2～3，做4、8～9）

准备工作：

1 将草莓去蒂洗净，切片。

2 将低筋面粉过筛两遍。

3 将鸡蛋打散，放置室温。

4 烤箱预热200℃，烤盘铺上烘焙纸，装好花嘴和裱花袋。

做法：

1 将水和牛油放入奶锅中，小火加热至融化（牛油完全融化并微微沸腾是最理想的状态）。

2 熄火，加入过筛的低筋面粉，迅速用木勺搅拌，完全混合后，开小火继续加热，搅拌至面团出现光泽，熄火。

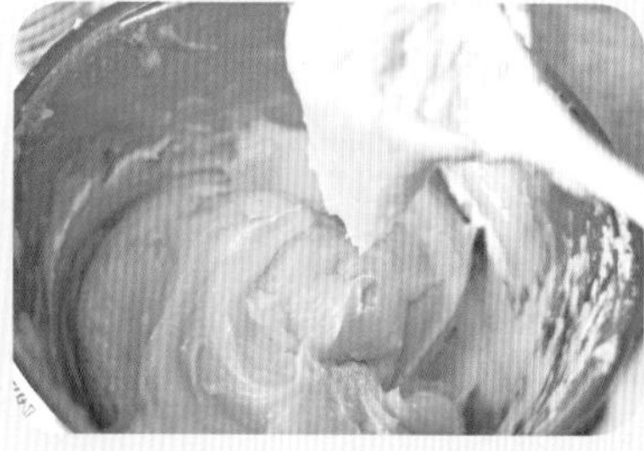

3 迅速将面团移入搅拌盆内，一点点加入打散的鸡蛋液，搅拌成糊状。

4 趁热将面糊装入裱花袋，花嘴距离烤盘1厘米高，在烤盘上挤出直径3厘米均匀的圆形。

5 在面糊表面喷一点儿水，放入预热好的烤箱，烤8分钟，再降至180℃，继续烤20分钟，待裂纹处呈褐色才好，取出凉凉。

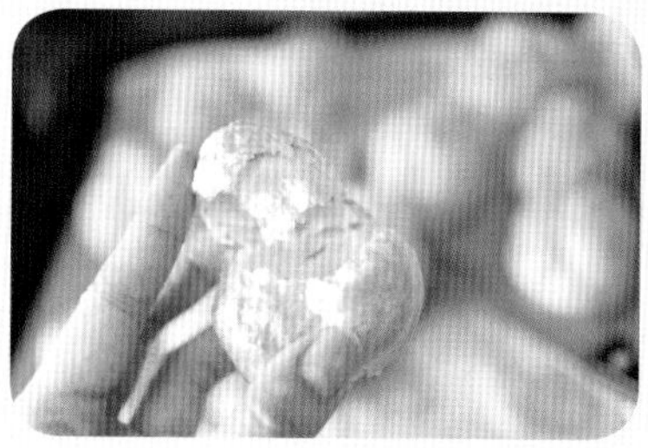

6 在泡芙上面约1/3处横切开。

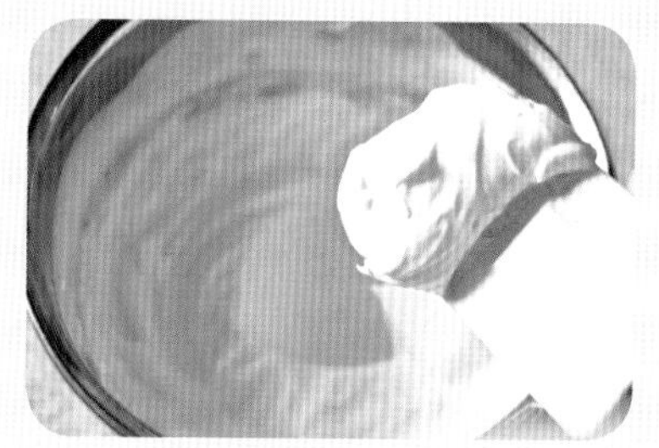

7 分次将细砂糖加入鲜奶油，用电动打蛋器打至8分发。

8 将鲜奶油装入裱花袋，挤在泡芙内。

9 夹上草莓片，最后撒上糖粉装饰。

小提示

TIP 1

蛋液的用量需要根据面糊的硬度调整，所以必须一点点少量加入，边搅拌面糊边确认面糊的硬度。用木勺舀起面糊，能垂下形成三角形的山峰状才合适。

TIP 2

将面糊挤在烤盘上的时候，每个圆形之间要留出至少3厘米的距离，为加热时膨胀留下空隙。

TIP 3

在面糊表面喷上一点儿水，烤的时候水分会立即蒸发，烤出的表面会更香脆。另外，如果裂纹的颜色还没有变成黄褐色就取出泡芙，或是在烘烤途中打开烤箱，内部还没有蒸发完全的水分会导致泡芙塌陷萎缩。

TIP 4

打发鲜奶油的窍门详见第10页。

字母苹果派

具有肉桂香气的苹果派，无论是趁热吃，还是待冷却后吃都别有一番风味。花点儿小心思，利用舒芙蕾碗做成迷你的小派，改变一成不变的格子造型，换上刚学会的字母装饰，宝贝吃了，一定会牢牢记住吧！

可以讲给宝贝听的甜点小历史/小知识：

苹果派是美国的代表性甜食，美国有一句惯用语“As American as apple pie”，意思是说“如苹果派一样美国化”。美国苹果派的历史可以追溯到从英国来的清教徒，他们栽培苹果树，用收获的苹果制作成苹果派。到18世纪，苹果派已是美国人的常见食物。一位在特拉华的瑞典学者Israel Acrelius当年在信中写道：“苹果派一年到头都有，当没有新鲜的苹果的时候，人们就用干苹果制作苹果派。它是孩子们的晚餐。”

主要工具

- 搅拌盆
- 搅拌器
- 小奶锅
- 舒芙蕾碗
- 分蛋器
- 小刀
- 叉子
- 勺
- 擀面杖
- 保鲜膜
- 毛刷

材料

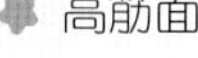

派皮

- 高筋面粉150克
- 细砂糖30克
- 牛油80克
- 鸡蛋1个
- 凉开水20毫升
- 盐少许

馅儿

- 苹果500克
- 凉开水50毫升
- 肉桂粉5克
- 细砂糖45克

分工：

妈妈

步骤（准1，做1～3、6～7、9）

宝宝

步骤（准2～3，做4～5、8）

准备工作：

1 苹果洗净去皮、去核，切成小薄片。

2 将鸡蛋的蛋白和蛋黄分离。

3 面粉和盐、细砂糖混合，过筛两遍。

做法：

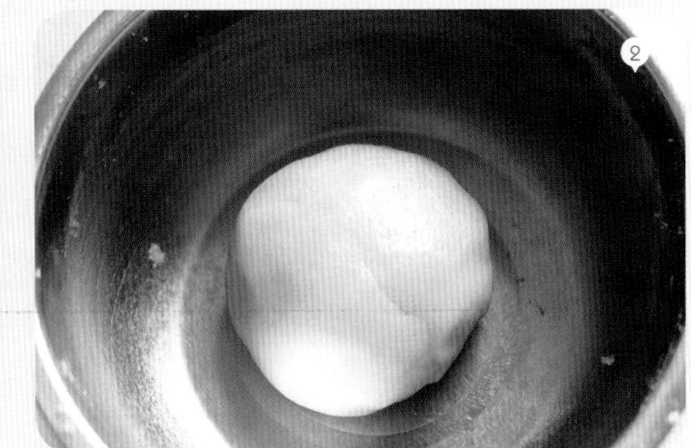

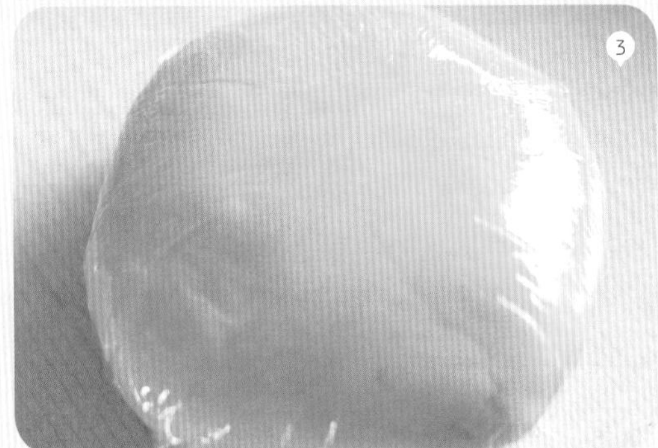

1 将牛油切成小丁，放入面粉中，用手指轻轻抓至松散。

2 加入蛋黄和水，拌匀，用手揉成面团。

3 盖上保鲜膜，将面团放入冰箱冷藏30分钟。

4 将馅料需要的苹果丁、凉开水、肉桂粉和细砂糖混合均匀后放入奶锅，用小火煮至苹果变软。

5 将馅料舀入舒芙蕾碗中，用凉水将碗边缘蘸湿。

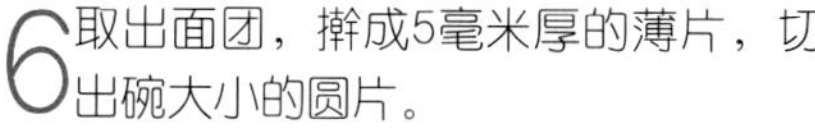

6 取出面团，擀成5毫米厚的薄片，切出碗大小的圆片。

7 将面片覆盖在碗上，边缘用叉子压实，切出字母放在派面上做装饰。

8 用叉子在顶端戳一个小口透气，将蛋白刷在整个派面上。

9 放入预热至200℃的烤箱烤30分钟。

芝士烤红薯

怀念在寒冷的冬天里，街角飘来的烤红薯的香味。不如在家里和宝宝一起，自己制造冬天的美味回忆吧，添加了忌廉芝士，红薯的味道更加香甜浓郁，大人和孩子都会喜欢。

主要工具

- 微波炉碗
- 勺
- 小刀
- 烤盘

材料

- 中等大小的红薯4个
- 忌廉芝士100克
- 乳酪丝适量
- 炼乳1汤匙
- 糖浆1汤匙
- 蜂蜜1汤匙

分工：

妈妈

步骤（准2～3，做1～2、5）

宝宝

步骤（准1，做3～4）

准备工作：

1 红薯洗净沥干表皮水分。

2 忌廉芝士提前取出放室温软化。

3 烤箱预热至200℃。

做法：

1 将红薯放入微波炉中，用高火加热5分钟，取出翻转一下，再继续加热3～5分钟。

2 取出红薯，对半纵向切开，用勺舀出红薯肉，不要挖破薯皮，注意留出5毫米左右厚度。

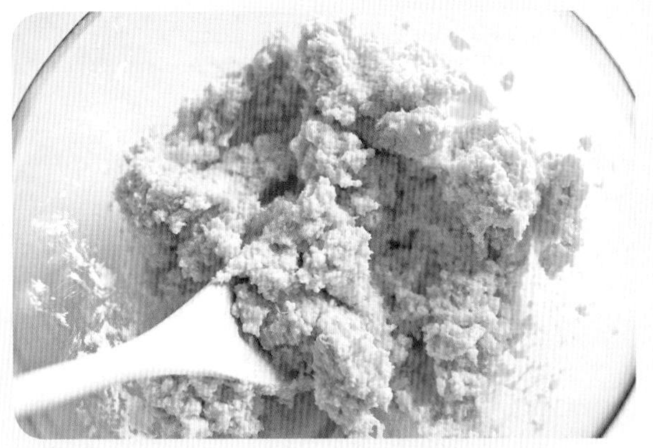

3 将薯肉用勺子压成泥，拌入忌廉芝士、炼乳、糖浆、蜂蜜，搅拌均匀。

4 将薯泥填回皮中，表面均匀撒上乳酪丝。

5 放入预热好的烤箱，以200℃烘烤15分钟至表面金黄。

小提示：

TIP

红薯最好选浑圆肥厚的形状，口感软糯的比较好。

烤布蕾

和焦糖布丁有相似的味道，制作过程却更简单。香甜滑嫩的蛋黄表面是脆焦糖，因为使用了红糖而有更浓郁的香味。在寒冷的冬天吃这道甜品会觉得非常幸福。

可以讲给宝贝听的甜点小历史/小知识：

烤布蕾源自于法语brulee一词，意思是烤焦。这道法式鲜奶油烤布丁，通常表面有黄褐色的糖脆，像烤焦了一样，但下面的布丁柔软细致，香醇可口，是法式传统甜点。

主要工具

- 搅拌盆
- 搅拌器
- 分蛋器
- 橡皮刮刀
- 过滤网
- 筛网
- 不锈钢汤匙
- 布丁碗

材料

- 蛋黄4个（约80克）
- 细砂糖30克
- 鲜奶油200毫升
- 牛奶100毫升
- 香草油3滴
- 香橙甜酒10毫升
- 红糖适量

分工：

妈妈

步骤（准3～4，做6～9）

宝宝

步骤（准1～2，做1～5）

准备工作：

1 将鸡蛋的蛋黄蛋白分离。

2 称量好各种材料，鲜奶油和牛奶回温至室温（20℃以上）。

3 烤箱预热160℃。

4 将隔水加热的水烧开。

做法：

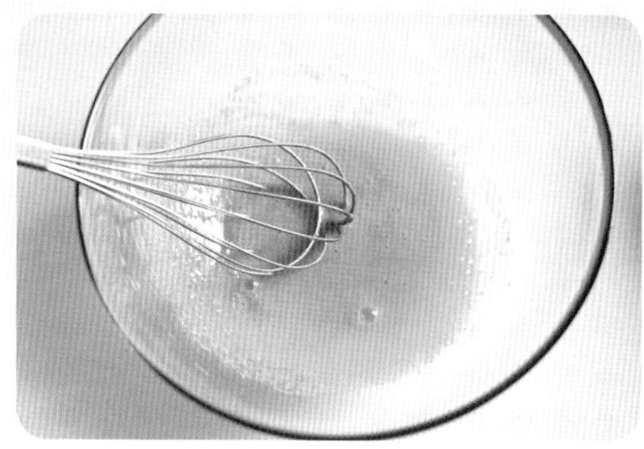

1 将蛋黄放入搅拌盆打散，加入细砂糖，用搅拌器搅拌混合，不要搅打出气泡。

2 待细砂糖基本溶解，加入鲜奶油和牛奶，混合均匀。

3 依次加入香草油和香橙甜酒，搅拌均匀。

4 用过滤网过滤使蛋奶液更细致。

5 将蛋奶液等量倒入布丁碗中，约8分满。

6 布丁碗放入烤盘中，在烤盘里注入烧开的热水至碗边缘的一半处。

7 将烤盘放入预热好的烤箱以160℃烘烤15分钟至表面凝固。

8 取出烤盘，待完全冷却后，用筛网在表面筛上红糖。

9 打开炉子，用火焰加热不锈钢大汤匙的背面几秒，然后迅速触碰布蕾表面的红糖，将其烤成焦褐色。

小提示：

TIP

如果将刚从冰箱取出的鲜奶油和牛奶直接加入蛋液中，会因温度太低而导致烘烤的时间加长。

吐司小披萨

富有番茄和奶酪香味的披萨总是很受小朋友的欢迎，但按揉面、发酵、烤制的正统流程制作起来并不简单。利用家里的吐司面包，其实可以用最短的时间做出宝贝爱吃的迷你吐司披萨，材料可以随心更换，味道不输必胜客哦！

可以讲给宝贝听的甜点小历史/小知识：

关于披萨的有趣传说：当年意大利著名旅行家马可·波罗在中国旅行时最喜欢吃一种北方流行的葱油馅饼。回到意大利后他一直想能够再次品尝，但却不会烤制。一次聚会，他向一位来自那不勒斯的厨师描绘起中国的葱油馅饼，那位厨师兴致勃勃地按马可·波罗所描绘的方法制作起来，但忙了半天，仍无法将馅料放入面团中。大家饥肠辘辘，于是提议将馅料放在面饼上吃，并配上了那不勒斯的乳酪，没想到味道超好，大受欢迎，从此“披萨”就流传开了。

主要工具

- 烤盘
- 牛油刀

材料

- 厚吐司2片
- 培根1片
- 灯笼椒少许
- 番茄酱1大勺
- 奶酪丝1大勺

分工：

妈妈 步骤（准备工作，做1～2、4）

宝宝 步骤（做3）

准备工作：

- 烤箱预热至180℃。

做法：

1 厚吐司切去硬边，再切成4等份的小方块。

2 培根切成小片，灯笼椒切成丁。

3 将吐司片涂上番茄酱，撒上培根和灯笼椒，再放上奶酪丝。

4 将吐司片排在烤盘内，放入预热好的烤箱，用180℃烤12分钟至表层奶酪丝融化，微微上色即可。

法式面包布丁

香甜的可颂面包，加上牛奶、鸡蛋和鲜奶油做成的面包布丁，既营养又可口。酒渍葡萄干更丰富了布丁的味道，使其更有层次感。无论冬天还是夏天，都是一道可口的甜品。

- 烤碗
- 奶锅
- 搅拌盆
- 搅拌器
- 过滤网
- 烤盘

- 牛奶250毫升
- 鲜奶油200毫升
- 鸡蛋3个
- 细砂糖50克
- 大可颂牛角面包1个
- 朗姆酒渍葡萄干适量

分工：

步骤（准2，做1～2、5）

步骤（准1，做3～4）

准备工作：

1 将可颂牛角面包撕成小块。

2 烤箱预热至160℃。

1 将牛奶和鲜奶油倒入奶锅中加热至微微沸腾，凉至室温。

2 将鸡蛋和细砂糖放入搅拌盆内搅拌均匀，分次慢慢加入牛奶奶油液中混匀，用滤网过筛。

3 将面包块铺在烤碗内，倒入鸡蛋牛奶液至8分满，静置5分钟使面包充分湿润。

4 撒上朗姆酒葡萄干，放入烤盘中，在烤盘上注入一半热水。

5 放入预热好的烤箱中层，以160℃蒸烤60分钟，待凉后用勺舀着吃。

小提示：

TIP

平时吃不完的吐司，同样也可以用来制作这道甜点，在夏天冷藏后吃口感更丰富。

培根苹果卷

清甜的苹果，咸香的培根，配上浓郁的咖喱酱和奶酪，会是怎样的奇妙滋味？和宝贝一起来试试做这道好吃的菜吧！

主要工具

- 烤碗
- 刀
- 平底锅
- 木铲
- 汤勺

材料

苹果卷材料

- 培根5片
- 苹果1/2个
- 洋葱1/4个
- 红灯笼椒1/4个
- 黄灯笼椒1/4个
- 车打奶酪20克

咖喱酱材料

- 上汤100毫升
- 低筋面粉15克
- 咖喱粉1茶匙
- 鲜奶油100毫升
- 盐少许
- 牛油10克

分工：

妈妈

步骤（准备工作，做1~3、8）

宝宝

步骤（做4~7）

准备工作：

1 苹果洗净，切成8毫米宽的条状，泡在淡盐水中。

2 洋葱、灯笼椒分别切成条状。

3 车打奶酪切成细条状。

4 烤箱预热220℃。

做法：

炒咖喱酱

1 牛油放入平底锅中，大火加热至融化，转小火，放入面粉炒匀。

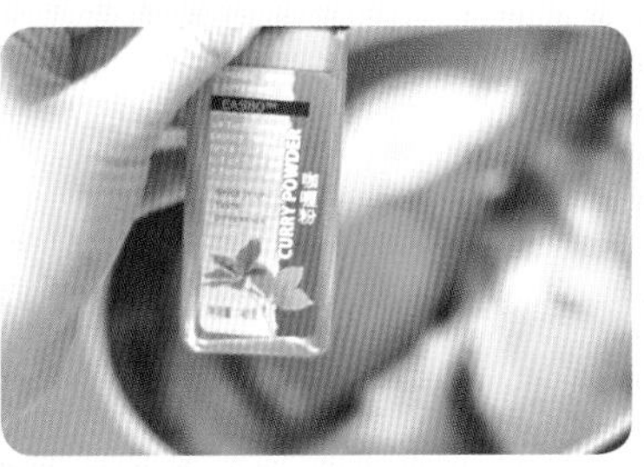

2 加入咖喱粉炒匀，再加入上汤拌匀。

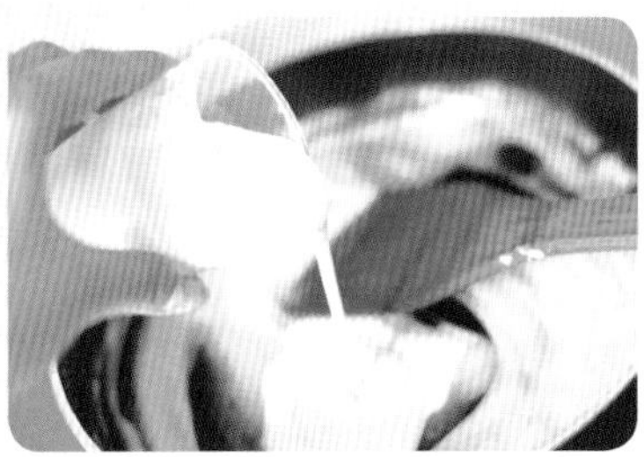

3 依次加入鲜奶油和盐，继续拌匀。

烤苹果卷

4 将培根片摊开，放上洋葱丝、苹果条和灯笼辣椒。

5 卷起来，将开口处朝下，排入烤碗中。

6 淋上咖喱酱。

7 撒上奶酪条。

8 放入预热好的烤箱，以220℃烤5～8分钟，观察到奶酪融化且呈金黄色即可。

咸蛋豆蓉焗豆腐

这是一道非常下饭的菜，小朋友们都会喜欢吃。绿豆和咸蛋的香浓滋味，配上了豆腐滑嫩的口感，连爸爸都会过来抢着吃哦！

主要工具

- 滤网
- 小刀
- 叉
- 汤勺
- 烤碗

材料

- 去皮绿豆100克
- 咸蛋2个
- 嫩豆腐1块
- 番茄1个
- 蛋黄沙拉酱2大勺
- 奶酪丝30克
- 盐、香草碎各少许

分工：

妈妈

步骤（准3～4，做2～3、6）

宝宝

步骤（准1～2，做1、4～5）

准备工作：

1 咸蛋煮熟，去壳。

2 番茄洗净。

3 绿豆加水煮软，滤去水分。

4 烤箱预热220℃。

做法：

1 咸蛋用叉捣碎。

2 番茄切成小丁。

3 滚水中加一小勺盐，放入豆腐，煮2分钟，取出，在滤网上压碎，滤去水分。

4 将豆蓉、豆腐泥、咸蛋泥和番茄丁拌匀，再拌入15克的奶酪丝。

5 将拌好的泥糊倒入烤碗中，淋上蛋黄沙拉酱，再撒上另一半的奶酪丝及香草碎。

6 放入预热好的烤箱，以220℃烤15分钟，表面金黄即可。

奶油烤菠菜

如果宝贝不爱吃绿色蔬菜，妈妈不妨试试这个做法，因为添加了蘑菇、牛奶和奶酪丝，菠菜的味道不再单调，反而鲜香可口。利用这个做法，更可以随心替换食材，用培根、虾米搭配包菜烘烤，也同样好味道！

可以讲给宝贝听的甜点小历史/小知识：

菠菜：菠菜本来是2000多年前波斯人栽培的蔬菜，所以它有个别名叫做“波斯草”。1000多年前，尼泊尔国王把菠菜从波斯带来，作为礼物派使臣送到长安，献给唐朝的皇帝，从此菠菜才在中国安家落户。当时中国称波斯为西域菠薐国，所以菠菜在当时被称为“菠薐菜”，演化到了今天，慢慢被简化称为“菠菜”。菠菜中含有大量的β-胡萝卜素，也是维生素B_6、叶酸、铁和钾的极佳来源，是一种十分健康的蔬菜。不过菠菜中的草酸含量也很高，如果大量食用，会与身体里的钙起反应，形成结石。但只要在烹饪前先烫一下，就可以去除菠菜中的大部分草酸，而吃起来的口感也会更好。

主要工具

- 刀
- 滤网
- 煮锅
- 平底锅
- 木铲
- 搅拌器
- 烤碗
- 勺

材料

- 菠菜300克
- 圆蘑菇30克
- 牛奶100毫升
- 奶酪丝15克
- 牛油10克
- 盐少许

奶油酱材料

- 牛油40克
- 低筋面粉40克
- 牛奶40克
- 盐少许

分工：

妈妈

步骤（准备工作，做1～6、9）

宝宝

步骤（做7～8）

准备工作：

1 蘑菇洗净切成薄片（最好选择个头较大的蘑菇）。

2 菠菜洗净去根，在沸水中烫2分钟，捞出，沥干水分。

3 烤箱预热220℃。

做法：

炒奶油酱

1 牛油放入平底锅，小火加热至融化。

2 分次倒入面粉炒匀。

3 倒入牛奶，加盐，搅拌成均匀的面糊。

烤菠菜

4 平底锅小火加热牛油至融化，放入蘑菇炒香。

5 倒入牛奶，加盐，煮5分钟。

6 将烫过的菠菜切成小段，放入锅内和蘑菇一同炒拌几下。

7 加入奶油酱，拌匀，装入烤碗中。

8 撒上奶酪丝。

9 放入预热好的烤箱以220℃烤10分钟即可。

小提示：

TIP

炒奶油酱的时候由于面粉容易炒不均匀，可以用搅拌器划圈搅匀。

Part 3 传递爱的美好心情

“用心做一份糕点，把爱倾注在里面，希望吃的人也能感受到”——喜欢做点心的人一定都有过类似的心情吧？爸爸妈妈、爱人、孩子、朋友……都是我们心底珍视的人，在耐心搅拌面糊时，在看着烤箱里的蛋糕慢慢膨胀时，在迫不及待地尝试刚出炉的味道时……我们都期望身边的人在收到的那一刻能够笑逐颜开，感受到幸福。所以，做好点心之后，别忘了画龙点睛的一步——装饰，让它们看起来更漂亮。外带出门的，最后更不妨给它们加上美丽的外衣。美丽的包装，不仅仅让点心看起来更可爱，也会让收到的人更进一步感受到你所花的心思。

和宝贝一起做完点心，爸爸妈妈也不要忘记告诉他们学会分享。小饼干、小蛋糕，都是适合在幼儿园和学校外出活动时带去分享给其他小朋友的点心。宝贝记住了好朋友的生日，也让他/她送去自己亲手做的点心吧，比花钱买来的礼物更贴心哦。一起动手吧，和宝贝一起来装饰和包装，既培养了他们的美感，也会让他们学会分享爱、传递爱。

适合点心的装饰及包装材料

经常使用的工具

剪刀、花纹剪刀、尺子、镊子、透明胶、双面胶、打孔器、订书机、花纹装饰筛板、可爱图案的印章、小木夹。

平时可以收集的材料

有不少材料在平时就可以留意收集，比如拆礼物时留下的包装纸、缎带，旧衣服上拆下的花边、用插花制作的干燥花……等需要包装点心时拿出来用，经济又

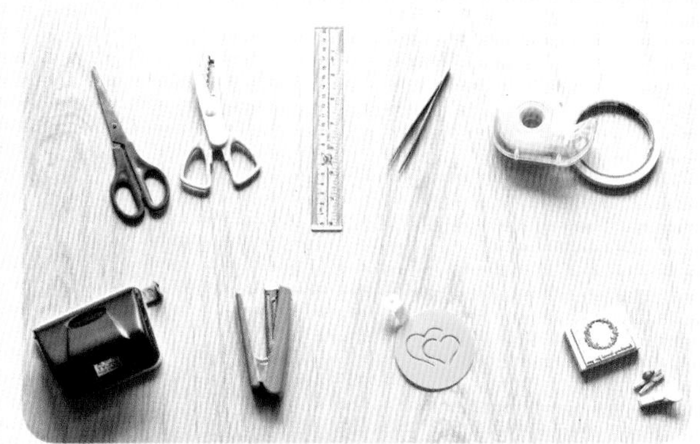

环保！

麻绳、纸编绳、缎带、丝带、蕾丝花边、牛皮纸、漂亮的包装纸、干燥花、碎布头。

可以从网店购买的材料

还有很多现成的包装材料可以利用，在网店购买非常方便，简简单单几步就可以使点心华丽变身。

玻璃纸袋（OPP食品袋）1：网店上可以买到很多漂亮的食品袋，装小饼干非常合适，选购时需注意尺寸大小。

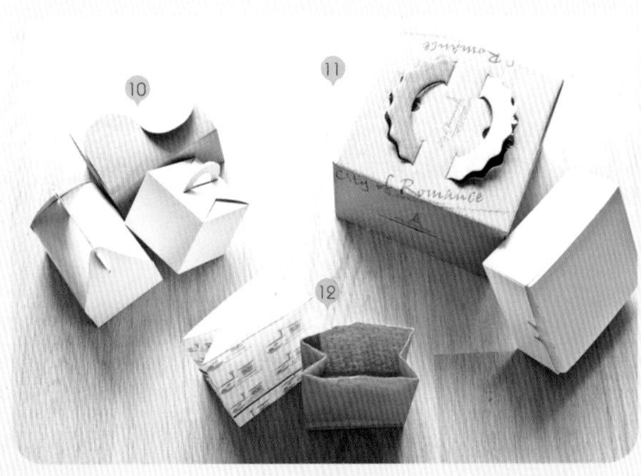

铁丝封口条2：有各种颜色和图案，用于塑料袋的扎口。

布丁杯3：有玻璃和陶瓷的，通常玻璃的连盖出售。做烤制的布丁时，注意使用耐烤高温玻璃和陶瓷杯，塑料盖不能放入烤箱，需等布丁冷却后再盖上。

装饰贴纸4：造型各异，可根据需要选择，小小的贴纸是包装的点睛之笔。

蛋糕插片5：通常为纸质，可插在蛋糕上装饰。

蛋糕纸杯6：有大中小各种尺寸，蜡纸类比较薄且软，烘烤时需搭配蛋糕模使用，牛油纸杯比较硬挺，可直接使用。

食品包装纸/油纸7：用来包裹点心或垫在点心盒内，将其裁小做成小纸袋独立包装小饼干也不错。

纸杯蛋糕围边8：专门用于装饰杯子蛋糕的纸质围边，有各种颜色和图案。

花边垫纸9：美丽的镂空垫纸，不仅仅可以用于垫蛋糕和点心，直接使用在包装袋上也很漂亮。

点心盒10：各种形状和尺寸的纸质点心盒，有的印刷了各种图案。不过我觉得，没有图案的牛皮和白卡的纸盒更能发挥你的创意哦！

蛋糕包装盒11：具有各种尺寸，购买时注意长宽高。

点心纸袋12：牛皮纸或花纹纸质，使用花边剪刀和打孔器，可以让它更特别。

花点心思的装饰及包装技巧

下面是总结的一些简单装饰及包装技巧，供参考，详细步骤可以参见前述相应点心的页码。爸爸妈妈可以提供材料和工具给宝贝，不妨任他们自由发挥创意，说不定他/她会做出让你更欣喜的造型哦！

饼干类

装饰：将糖霜装入三角形裱花袋，在前端剪开2毫米的小口，然后在饼干表面画出花纹，同时还可以放上装饰糖增加造型；或直接使用巧克力笔在饼干表面画出想要的图形。

包装：装入透明玻璃纸袋，扎上丝带，或排入纸盒中，利用贴纸、花边垫纸就可以做出美丽的造型。装入密封小玻璃瓶也是不错的选择。

糖果类

如果没有美丽的糖纸，就直接把它们放入透明的瓶子里吧，扎上格子布和缎带，同样可爱。

杯子蛋糕类

装饰：打发鲜奶油，装入裱花袋，用喜欢的花嘴挤出想要的造型，也可以在蛋糕表面刷上糖霜。如果希望造型更丰富多彩，还可以放上喜欢的巧克力豆、装饰糖或者糖花，甚至是奥利奥饼干，让宝贝自由发挥吧！

包装：使用纸杯蛋糕围边会让你做的杯子蛋糕摇身一变，像是从星级酒店里买来的一样，如果一次需要带出门几个，放入点心盒内，贴上封口贴纸或扎上纸绳即可。使用简单的白色或牛皮纸盒更能凸显蛋糕的华丽哦。

生日蛋糕类

带着自己做的蛋糕送给朋友，在聚会时拿出来会让人无比欣喜。如果觉得使用鲜奶油和水果装饰蛋糕让人不好掌握，或者为造型头痛，不妨借助花纹装饰筛板吧，直接用防潮糖粉筛在蛋糕上，就足够让人眼前一亮。再插上可爱的蛋糕插片，放入现成的蛋糕包装盒中，完全不亚于蛋糕店的品质。记得注意购买相应尺寸和形状的蛋糕盒，6寸、8寸、10寸，不要混淆啦。

布丁类

布丁当然是装在布丁杯里送朋友最稳妥，不光是玻璃布丁杯，陶瓷的也同样很可爱。使用可爱的封口贴纸让布丁看起来更美味，放进点心盒就可以直接拎去送给朋友啦！

Part 4

常见问题解答

从2007年开始接触烘焙以来，和朋友们在网络上一起研究方子、分享心得，在这个过程中不少朋友会问到一些常见的问题，而这些问题也曾经是我的疑问。非常感谢一路以来为我解答了困惑的前辈们，现在把这些问题梳理出来，希望也能帮助到刚刚对烘焙产生兴趣的爸爸妈妈们！

烘焙的工具和材料在哪里能买到

大型超市能买到部分常见烘焙材料和工具，但烘焙用品专卖店会更加齐全。另外，所有的工具和材料都可以网购买到，可根据所在地选择就近的卖家。尤其是生鲜材料，比如牛油、忌廉芝士等，要看是否能够快递送货到你所在的地方。

没有烤箱，能用微波炉代替吗（或是带烧烤功能的微波炉）

不可以。烤箱是利用加热管发热烘烤食物，而微波炉是使用微波辐射引起食物分子振动产生热量来加工食物。由于两者加热原理完全不同，所以在烘焙，尤其是烤制蛋糕、面包时，不能用微波炉代替烤箱。

烤箱一定要预热吗

是的。预热烤箱的目的在于使食物放入烤箱之前，烤箱已达到之后烘烤所需要的温度。如果不进行预热，直接将食物放进烤箱，等于是把食物从室温状态慢慢加热到设定的温度，这样受热不匀，会导致食物水分流失，产生表面先烤焦，而内部还不熟的情况。

烤出来的蛋糕为什么膨不起来，感觉很硬不松软

如果是分蛋法，先检查蛋白打发的过程。打蛋头、搅拌盆是否清洗干净，而且干爽？如果有一滴水、油或一丝蛋黄，都会影响蛋白的打发。打好蛋白后，是否及时拌和其他材料，如果放置过久蛋白也会消泡；如果是全蛋法，鸡蛋是否充分打发了，在蛋糊落下时能否形成不易消失的花纹？无论何种方法打发鸡蛋，在拌和面糊的时候手法是否有误，导致蛋白消泡，或面糊出筋？油脂是否没有充分乳化？没有充分乳化也会导致拌入面糊时下沉。

烤出来的蛋糕为什么会扁塌

蛋糕在烘烤的过程中膨胀得很好，但出炉后就塌陷的原因有可能是：1）搅拌面糊时间过长或手法不正确，导致面糊出筋，凉后回缩；2）在蛋糕模内涂抹了过多的油脂，使面糊附着力减弱；3）烘烤过程中打开烤箱门次数过多，时间过长；4）出炉后没有及时连模倒扣凉凉，内部热气产生水蒸气使蛋糕扁塌。注意隔水蒸烤的蛋糕不适用于倒扣凉凉。

烘焙剩下的蛋白/蛋黄怎么办

用分蛋法做蛋糕，经常会有多余的蛋黄。可以使用蛋黄制作牛奶布丁，还可以取部分蛋黄液涂抹在要烘烤的派或面包表面，以增加色泽。同理，制作布丁剩下的蛋白可以用来烤天使蛋糕，或是蛋白小饼干，做蛋白糖霜等。

配方里中的砂糖是否可以减少

蛋糕配方中的砂糖除了调节味道，更起到强化组织的作用。砂糖可以使面糊的黏度高且牢固，使组织不容易崩塌。所以一般情况下不建议减少太多配方中的砂糖用量，以免影响成品的制作效果。不过西点的口味通常比较偏甜，可酌量略微减少，但最好不要超过20%。

牛油和色拉油是否可以互换

通常在制作戚风蛋糕时使用的色拉油一般为浅色无味的植物油，比如玉米油。由于是液态油，当蛋糕烤好冷却的时候，也不会因为油脂的凝固而使蛋糕收缩得厉害，所以烤戚风蛋糕最好不要用牛油代替色拉油。而使用牛油打发制作饼干的时候，因为色拉油无法被打发起膨松剂的作用，因此也不能替代牛油。而且两者口味一个清淡一个香醇，所以建议尽量按照配方的要求来使用，以保证成品的风味。